普通高等教育“十三五”规划教材

AutoCAD与计算机辅助设计上机实训

主　编　廖念禾　孙舫南

副主编　廖念一　王方舟

中国水利水电出版社
www.waterpub.com.cn
·北京·

内 容 提 要

本书的实例和操作练习内容全面地介绍了 AutoCAD 的主要功能，内容翔实，操作详细，所选练习典型，涵盖众多行业与专业。书中内容深入浅出、循序渐进、条理清楚、结构严谨，所举实例和练习符合行业规范和标准，贴近生活与工作。可以说，本书实例和练习个个精彩、例例实用。本书具有很强的实用性、趣味性、专业性、代表性和可操作性，希望能对读者领悟绘图方法与技巧、磨练绘图能力等起到帮助作用。

全书共计 7 章，主要包括：绘图基础与绘图基本设置；绘图辅助功能的使用；一般图形的绘制与编辑；复杂图形的绘制与编辑，以及块与外部参照的使用；文字、表格与尺寸标注；工程图形绘制；三维图形的绘制、编辑与渲染等。

本书既可作为各高等院校的 AutoCAD、计算机辅助设计、计算辅助绘图等课程的上机实训教材，也可作为各类工程技术人员、广大图形制作爱好者的进阶练习手册。

图书在版编目（CIP）数据

AutoCAD 与计算机辅助设计上机实训 / 廖念禾，孙舫南主编．—北京：中国水利水电出版社，2017.8（2018.7 重印）

ISBN 978-7-5170-5531-0

Ⅰ．①A… Ⅱ．①廖… ②孙… Ⅲ．①计算机辅助设计－AutoCAD 软件 Ⅳ．①TP391.72

中国版本图书馆 CIP 数据核字（2017）第 148931 号

策划编辑：宋俊娥　责任编辑：宋俊娥

书　　名	AutoCAD 与计算机辅助设计上机实训 AutoCAD YU JISUANJI FUZHU SHEJI SHANGJI SHIXUN
作　　者	主　编　廖念禾　孙舫南 副主编　廖念一　王方舟
出版发行	中国水利水电出版社 （北京市海淀区玉渊潭南路 1 号 D 座　100038） 网址：www.waterpub.com.cn E-mail：sales@ waterpub.com.cn 电话：（010）68367658（营销中心）
经　　售	北京科水图书销售中心（零售） 电话：（010）88383994、63202643、68545874 全国各地新华书店和相关出版物销售网点
排　　版	北京智博尚书文化传媒有限公司
印　　刷	三河市龙大印装有限公司
规　　格	184mm×260mm　16 开本　9.25 印张　220 千字
版　　次	2017 年 8 月第 1 版　2018 年 7 月第 2 次印刷
印　　数	3001—6000 册
定　　价	24.00 元

编 委 会

主　编　廖念禾（四川农业大学）

孙舫南（四川雅安职业技术学院）

副主编　廖念一（四川美术学院）

王方舟（成都市天府新区规划设计研究院）

编　者　兰　艳（云南艺术学院）

况　锐（成都大学）

李佐儒（四川大学计算机学院）

熊喜秋（重庆大学美术学院）

王淑慧（成都纺织高等专科学校）

前　言

AutoCAD 是美国 Autodesk 公司开发的优秀计算机辅助设计软件。经过多年的推陈出新，该软件业已成为计算机辅助设计的经典软件，引领计算机辅助设计行业多年，深受广大用户的欢迎。其应用范围遍及机械、建筑、水利、电子、航天、造船、服装、气象、纺织、园林、广告、石油化工、冶金、地质、室内外装饰、学校等行业。

学习 AutoCAD 应注重操作，注重上机练习，注重实践。自作者编著的《AutoCAD 2006 中文版全接触》《AutoCAD 2008 中文版全接触》《AutoCAD 2014 入门·进阶·实战》出版以来，深受广大用户的喜爱与好评，因此，作者应广大读者的建议和要求，精心编写了《AutoCAD 与计算机辅助设计上机实训》。本书精挑细选了众多的案例与操作，旨在训练读者循序渐进地掌握 AutoCAD 的各种绘图命令、绘图方法与绘图技巧。本书是作者多年教学与设计经验的总结和心血的结晶，具有很强的代表性、典型性和规范性。本书真正做到了“二维更全面，三维更精彩，操作更标准”。希望本书的出版能得到广大用户一如既往的厚爱。如果读者能够将本书与作者编写的《AutoCAD 2014 入门·进阶·实战》和即将出版的《AutoCAD 2018入门·进阶·实战》结合起来学习，那更将如虎添翼，取得事半功倍的效果。

本书特点

◆ **系统性与全面性：**本书案例与操作涵盖了 AutoCAD 的全部知识点。作者在编写上注重知识的系统性和严密性，前后内容衔接紧密、逻辑性强。以期使读者经过学习后，知识更完善、技巧更丰富、兴趣更浓厚、操作更灵活。

◆ **易读性与易用性：**本书语言流畅，通俗易懂，所编案例和操作由浅入深，循序渐进。每章均有典型例题示范，使读者更容易入门和上手，更容易做到举一反三；操作题选取关键点，重点、难点的地方也均有提示，使读者更容易理解和体会；对难于掌握的地方，提供非常关键的经验和技巧总结，使读者更容易掌握其规律。

◆ **趣味性与实用性：**书中大量实例和操作均来源于生活和工作，多从生活和工程设计的角度出发，着眼于解决实际中遇到的各种趣味问题、疑难问题，避免单纯练习的枯燥与乏味，因而具有很强的趣味性和实用性。而且，本书不受 AutoCAD 版本的限制，能与任何AutoCAD版本的教材配套使用。

◆ **专业性与规范性：**本书依据多专业、多行业（机械、建筑、电气、园林、室内设计等）的专业规范着手编写，所选实例和操作方法完全遵循国家标准和行业规定，并严格按照工程设计要求向用户介绍如何利用 AutoCAD 进行规范的工程设计。这种严格、规范的编写风格渗透于该书的字里行间，向读者传达了一种一丝不苟的设计作风，以培养读者的设计师素质和工匠精神。

◆ **代表性与针对性**：经过作者的精心选择，本书的各个案例与操作都具有非常强的代表性和针对性，都是针对读者在使用 AutoCAD 的过程中经常遇到的难于理解的、难于掌握的、容易出错的、难于规范的地方所进行的编写和训练。因此，通过本书的实训，读者更容易掌握 AutoCAD 的各种绘图方法与绘图技巧，更容易对 AutoCAD 的知识融会贯通。本书不仅非常适合于初学者，更适合于不知如何综合运用 AutoCAD 解决实际问题的读者。

作者队伍

本书由廖念禾、孙舫南主编，廖念一、王方舟负责统稿、修改、审稿。兰艳、况锐、李佐儒、熊喜秋、王淑慧等老师，以及刘根伸、胡云楚、郭家豪、冉顺权、兰郑建、徐子恒、罗建军、赵子鑫和田鑫等在本书的资料收集与编写中都做了很多工作。这些都是来自于一线的科研人员、设计人员和老师，他们丰富的实践经验和教学经验，为本书的最终成稿和质量奠定了坚实的基础。

读者定位

◆ 各级、各类本科、高职、中职院校师生；

◆ AutoCAD 初学者；

◆ AutoCAD 进阶的中高级读者；

◆ 各类工程设计、广告设计、室内设计、服装设计的从业人员；

◆ 广大相关科研工作人员；

◆ 相关职业培训机构师生。

阅读指南

本书在编写过程中使用了一些符号和常用术语。为了方便读者阅读，在此列出并说明：

◆ 单击、右击：单击表示单击鼠标左键。右击表示单击鼠标右键。

◆ |：表示上下级关系。如“文件”菜单|“新建”命令，表示“文件”菜单中的“新建”命令。在功能区中，“默认”选项卡|“修改”面板|“删除”，即代表“默认”选项卡中的“修改”面板中的“删除”命令。

◆ 回车：指按 Enter 键、空格键或用鼠标右击。

◆ 关于字母大小写：输入命令时，AutoCAD 不区分英文字母的大小写，用户可以任意输入。

◆ 命令提示后括号中的内容，表示在操作中为用户给出的操作提示，如：

命令：line（调用直线命令）

指定第一点：（输入直线的起点）

素材内容及使用

学习本书时，可从中国水利水电出版社网站（http：//www. waterpub. com. cn/softdown）下载与本书相配套的素材文件（包括例题文件和图像文件）。本书所有的例题文件和图像文件，都收录在下载包“图形”文件夹中的“DWG”文件夹和“位图”文件夹中。读者在学习时可以调用和参考这些文件。

为帮助读者学习，作者精心挑选了部分内容录制成视频课（目录见前言后）。所选内容针对性强，讲解方式直观、生动，希望为读者的学习提供新的途径。

图书资源总码

在本书编写过程中参考了大量 AutoCAD 和计算机辅助设计上机实训类的相关书籍和资料，在此，谨向这些书籍的著作者，以及为本书出版付出辛勤劳动的同志深表感谢！同时，全书得到了中国水利水电出版社相关领导的大力支持和宋俊娥老师的悉心指导，在此一并致谢。

由于作者水平有限，编写中难免有不当之处，望广大读者提出宝贵意见和建议。电子邮件：liaonianhe@ 126. com。

编　者

2017 年 5 月

AutoCAD 与计算机辅助设计上机实训——视频课二维码目录

目　录

第1章　绘图基础与基本绘图设置

本章摘要

要想利用 AutoCAD 高效、快速地绘图，必须熟练掌握和应用绘图基础。本章通过各种例题和操作题，训练读者对绘图基本知识的掌握，如点的基本输入方法、各种坐标的输入方法、常用绘图与编辑命令的使用、选择对象的最基本方法、样板文件的创建和使用等。

本章要点

➢ 掌握点的基本输入方法：用鼠标直接输入点、按给定的距离输入点、用捕捉方式捕捉到特殊点、用键盘精确输入点坐标等。

➢ 熟练掌握绝对直角坐标、绝对极坐标、相对直角坐标和相对极坐标的使用。

➢ 掌握选择对象的最基本方式：直接鼠标单击选取；用 W 窗口方式选取；用交叉窗口（即C窗口）方式选取。

➢ 掌握图形界限设置的基本方法和绘图单位的设置方法。

➢ 掌握图层的设置方法和应用。

➢ 掌握线型、线宽和颜色的设置，以及灵活控制线型和线宽的显示/隐藏。

➢ 掌握样板文件的创建方法及其设置内容，熟悉样板文件的使用。

1.1　操作例题

【例1-1】使用直线命令 LINE，并结合点的各种输入方法以及绝对坐标和相对坐标的使用，绘制如图1-1所示的图形。（为便于阅读，本书例题中的命令后默认回车，不再说明。）

操作方法：

命令：LINE(输入直线的命令，别名“L”)

指定第一点：(用鼠标直接在屏幕任意一点单击以确定点 A)

指定下一点或[放弃(U)]：@91.92，0(输入相对 A 点的相对直角坐标，确定点 B 的位置)

指定下一点或[放弃(U)]：@30 <90(输入相对点 B 的相对极坐标，确定点 C 的位置)

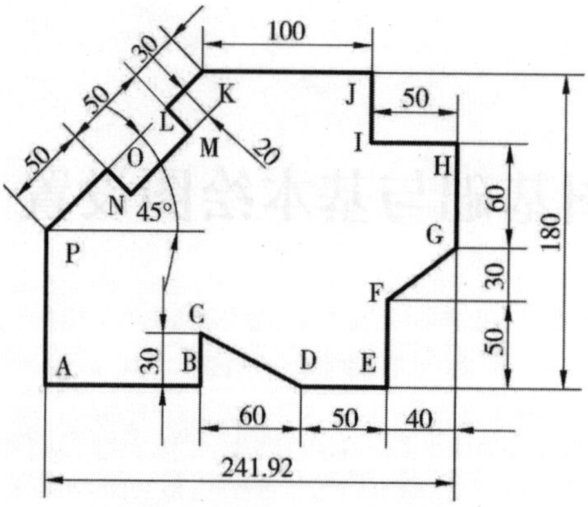

图 1-1　使用各种坐标输入和点的输入绘制图形

知识点视频：
点的输入和坐标的使用

指定下一点或[闭合(c)/放弃(U)]：@60，－30(输入相对C点的相对直角坐标，确定点D的位置)

指定下一点或[闭合(c)/放弃(U)]：<正交 开>50(打开状态栏上的“正交”工具，将鼠标放在D点的右方，当显示水平线后在命令行中输入50，并按Enter键，绘制出E点)

指定下一点或[闭合(c)/放弃(U)]：50(将鼠标放在E点的上方，当显示垂直线后在命令行中输入50并按Enter键，绘制出F点)

指定下一点或[闭合(c)/放弃(U)]：<正交关>@40，30(关闭“正交”工具，用相对直角坐标绘制出G点)

指定下一点或[闭合(c)/放弃(U)]：@0，60(用相对直角坐标绘制出H点)

指定下一点或[闭合(c)/放弃(U)]：@50 <180(用相对极坐标绘制出I点)

指定下一点或[闭合(c)/放弃(U)]：@0，40(用相对直角坐标绘制出J点)

指定下一点或[闭合(c)/放弃(U)]：<正交 开>100(同上一样，打开“正交”方式，按给定的距离绘制出K点)

指定下一点或[闭合(c)/放弃(U)]：<正交 关>@30 <225(用相对极坐标绘制出L点)

指定下一点或[闭合(c)/放弃(U)]：@20 < －45(用相对极坐标绘制出M点)

指定下一点或[闭合(c)/放弃(U)]：@50 <225(用相对极坐标绘制出N点)

指定下一点或[闭合(c)/放弃(U)]：@20 <135(用相对极坐标绘制出O点)

指定下一点或[闭合(c)/放弃(U)]：@50 <225(用相对极坐标绘制出P点)

指定下一点或[闭合(c)/放弃(U)]：c(选择“闭合”选项，并按回车键Enter结束命令)

【例1-2】设置A2（594×420）**大小的图形界限，并打开图形界限检查功能。**

用户可以选择“格式”菜单｜“图形界限”命令，或在命令行输入LIMITS调用命令，其操作和提示如下：

命令：limits(调用“图形界限”命令)

重新设置模型空间界限：

指定左下角点或[开(ON)/关(OFF)]<0.0000，0.0000>：(直接按回车键Enter使用

默认的坐标原点(0, 0))

指定右上角点 <420.0000, 297.0000 >: 594, 420(指定图形界限右上角点的坐标值)

命令:(按回车键 Enter 再次调用 LIMITS 命令)

重新设置模型空间界限:

指定左下角点或[开(ON)/关(OFF)] <0.0000, 0.0000 >: on(选择“ON”项，打开图形界限检查功能)

操作完成后，用户可在命令行输入命令 ZOOM(命令别名 Z)，然后选择该命令中的“全部(A)”选项，并单击状态栏上的栅格按钮打开栅格显示，即可看见设置的图形界限。

知识点视频：绘图的基本设置

【例 1-3】设置绘图单位，其要求为：长度单位为“小数”，精度为“0.00”；角度单位为“十进制度数”，精度为“0.0”；角度测量的正方向为“逆时针”；角度测量的基准方向为“东”。

操作方法：

- 选择“格式”菜单|“单位”命令，或在命令行输入 UNITS 命令并按回车键 Enter。打开“图形单位”对话框，如图 1-2 所示。
- 在“图形单位”对话框的“长度”组件中，选择“类型”为“小数”，选择“精度”为“0.00”。
- 在“角度”组件中，选择“类型”为“十进制度数”，选择“精度”为“0.0”。
- 在“图形单位”对话框中，默认不选择“顺时针”复选框，即使用逆时针为测量角度的正方向。
- 在“图形单位”对话框中，单击“方向”按钮，打开“方向控制”对话框，使用默认的“东”为测量角度的基准方向，如图 1-3 所示。
- 在“方向控制”对话框和“图形单位”对话框中分别单击“确定”按钮，完成各项设置。

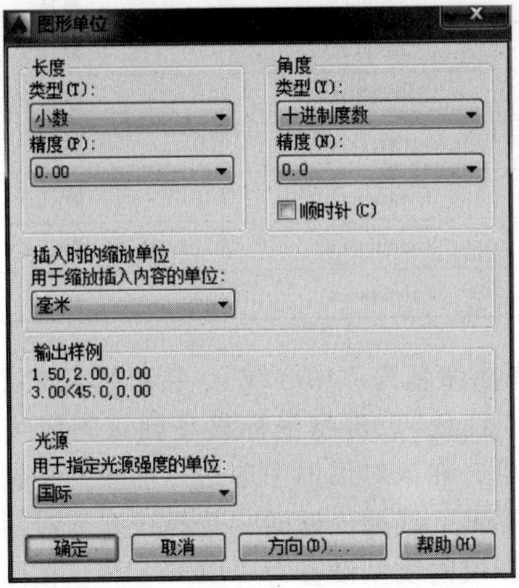

图 1-2　“图形单位”对话框

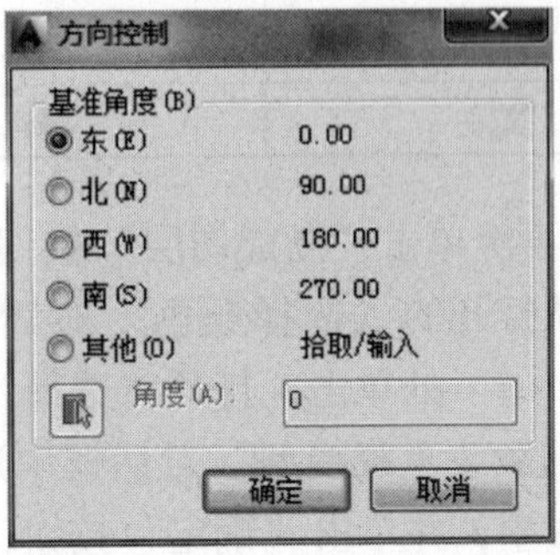

图 1-3　“方向控制”对话框

技巧

◆ 设置图形界限时，通常按照国家标准的图幅大小来设置图形界限的大小；或将图形界限的大小设置为标准图幅的整倍数大小。不过有时也可以根据所绘制对象的区域大小来设置图形界限。

◆ 设置图形界限时，不打开图形界限的检查功能（即选择 LIMITS 命令中的"OFF"选项）比较方便，这样可以在图形界限的外面任意处绘制图形。绘制完成后，如果需要，可以用移动命令 MOVE 将这些图形移动到图形界限之内。

◆ 设置图形单位时，长度单位通常选择"小数"方式，对于机电类图形，长度单位的精度通常使用默认的"0.0000"。对于建筑工程类图形，长度单位的精度通常设置为"0"；对于角度单位，通常选择"十进制度数"方式比较方便，不过，使用"度/分/秒"方式也符合国家标准。角度的精度，用户可以根据不同的需要选择。

【例 1-4】设置表 1-1 所示的绘图常用的图层。

操作方法：

- 单击"草图与注释"工作空间｜"默认"选项卡｜"图层"面板｜"图层特性"按钮，打开"图层特性管理器"对话框。
- 在"图层特性管理器"对话框中单击"新建图层"按钮，并将新建的图层命名为"细实线"，然后将鼠标移动到颜色列该行的"白色"图标上单击，从打开的"选择颜色"对话框中选择"蓝色"。该图层的线型使用默认的"Continuous"，线宽使用默认值 0.25mm。
- 用同样的方法设置"图案填充"、"尺寸"、"文字"等图层，其各项的设置值参考表 1-1。

表 1-1 绘图常用图层

图层名称	颜色	线型	线宽
粗实线	白色	Continuous	0.8mm
细实线	蓝色	Continuous	默认
中心线	红色	CENTER	默认
虚线	品红	DASHED	默认
双点划线	123	PHANTOM	默认
图案填充	41	Continuous	默认
尺寸	黄色	Continuous	默认
文字	绿色	Continuous	默认

- 再次单击"新建图层"按钮，并将该图层命名为"中心线"，接着单击该层的颜色图标，从打开的"选择颜色"对话框中选择"红色"。再将鼠标移动到该图层线型列的"Continuous"处单击，打开"选择线型"对话框，在该对话框中单击"加载"按钮，从打开的"加载或重载线型"对话框中选择"CENTER"线型，返回"选择线型"对话框后再选择该线型，并单击"确定"按钮，即可将该图层的线型设置为"CENTER"。该图层的线宽使用默认的 0.25mm。
- 用同样的方法设置"虚线"和"双点划线"图层，其各项的设置参考表 1-1。

- 再单击“新建图层”按钮，并将该图层命名为“粗实线”，接着单击该层的颜色图标，从打开的“选择颜色”对话框中选择“白色”。再将鼠标移动到该图层线型列的“Continuous”处单击，打开“选择线型”对话框，在该对话框中选择“Continuous”线型并单击“确定”按钮，将该图层设置为该线型。再将鼠标移动到该图层的线宽列处单击，打开“线宽”对话框，从中选择 0. 8mm 的线宽并单击“确定”按钮，将该图层的线宽设置为 0. 8mm。设置完成的“图层特性管理器”对话框如图 1-4 所示。

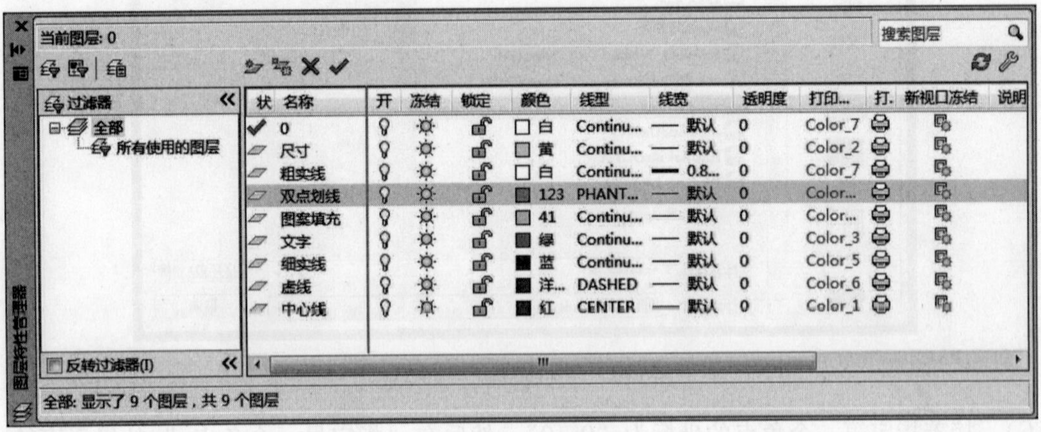

图 1-4　设置的图层

技巧

◆ 设置图层时，线型和线宽可以不在“图层特性管理器”对话框中设置，可在打印出图时再在打印样式表中设置。但是，为了在绘图时区分不同的对象，建议用户绘图前就在“图层特性管理器”对话框中设置好各图层的线型和线宽。提前设置好并完成绘图，需要打印图形时，简单选择 AutoCAD 已有的打印样式表“acad. ctb”或“monochrome. ctb”即可。

◆ 当用户绘制的非连续线型看上去显示不正常时，可选择“草图与注释”工作空间｜“默认”选项卡｜“特性”面板｜“线性”下拉列表｜“其他”命令，打开“线型管理器”对话框。改变其中“全局比例因子”（命令别名 LTS）的值，直到非连续线型显示正常为止。

【例 1-5】创建 A3 样板文件。

操作方法：

- 单击程序左上角的“新建”按钮，打开“选择样板”对话框，在其中选择“acadiso. dwt”样板，如图 1-5 所示。在该对话框中单击右下角的“打开”按钮，这样便创建了一个新图形。

综合实训视频：图层设置和样板文件的绘制

- 参照【例 1-2】设置 A3（420 × 297）大小的图形界限。
- 参照【例 1-3】并根据自己行业的需要设置图形单位。
- 参照【例 1-4】并结合自己的行业设置常用的图层，以及使用的线型、线宽和颜色。
- 在“默认”选项卡｜“图层”面板的图层下拉列表中选择“细实线”层，将该图层设置为当前图层。选择“默认”选项卡｜“绘图”面板｜“矩形”命令（命令别名

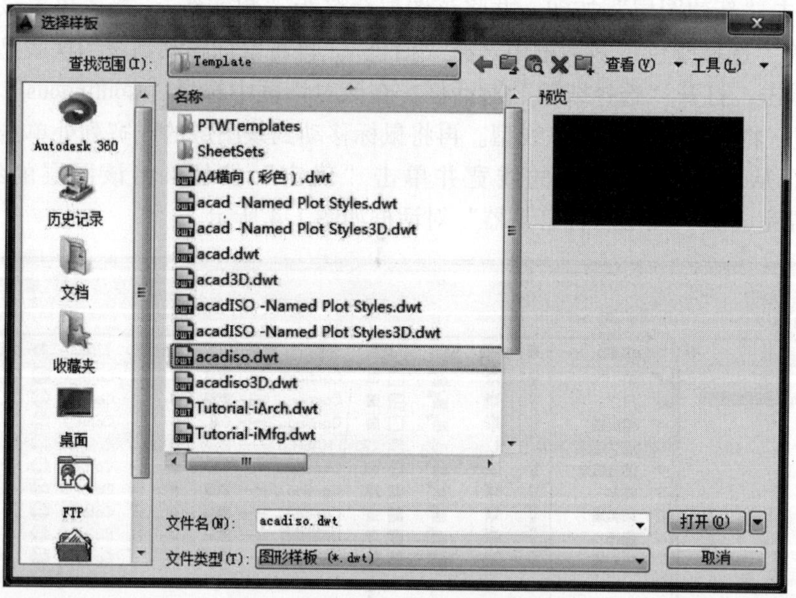

图 1-5 "选择样板"对话框

REC)，接着指定第一个角点的坐标为“0，0”，然后在“指定另一个角点:”的提示下输入“420，297”并按 Enter 键，绘制出图框的外框。

● 将“粗实线”层设置为当前图层，再次调用矩形命令，在“指定第一个角点:”的提示下输入“25，5”，然后在“指定另一个角点:”的提示下输入相对坐标“@390，287”并按 Enter 键，绘制出图框的内框，如图 1-6 所示。

● 单击“注释”选项卡｜“文字”面板右下角的按钮，打开“文字样式”对话框。在该对话框中单击“新建”按钮，新建一个名为“标注1”的文字样式，在“字体”下拉列表中选择“gbeitc. shx”，并选中“使用大字体”复选框，然后在“大字体”下拉列表中选择“gbcbig. shx”字体。该对话框的其余选项使用默认值。同样，设置一个“标注 2”的文字样式，在“字体”下拉列表中选择“gbenor. shx”，其余与“标注 1”样式设置相同。设置完的对话框如图 1-7 所示。

图 1-6 绘制图框

● 将“粗实线”层设置为当前图层，调用矩形命令 RECTANG（命令别名“REC”）在图 1-6 中图框的内框的右下角绘制如图 1-8 所示标题栏的外框。然后将“细实线”层设置为当前图层，并调用直线命令 LINE 绘制标题栏中的表格（也可以使用 AutoCAD 的表格功能来绘制该标题栏，参见看后面的相关章节）。

● 单击“注释”选项卡｜“文字”面板｜“单行文字”命令，并设置字体高度为 3.5，标注其中文字。再次调用该命令，并设置字体高度为 7，标注其中大些的文字。结果如图 1-9 所示。

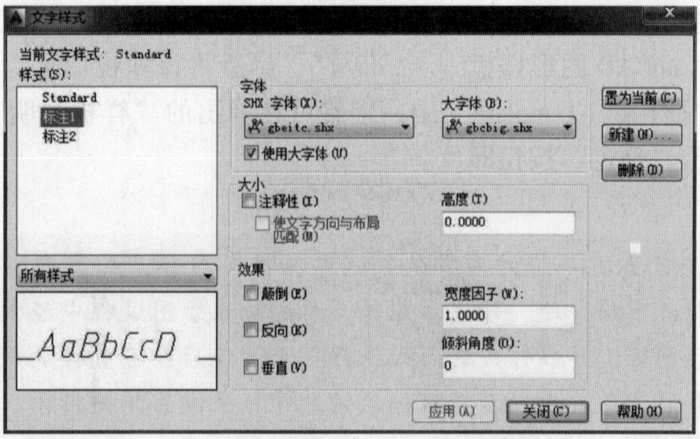

图 1-7　设置“标注”文字样式

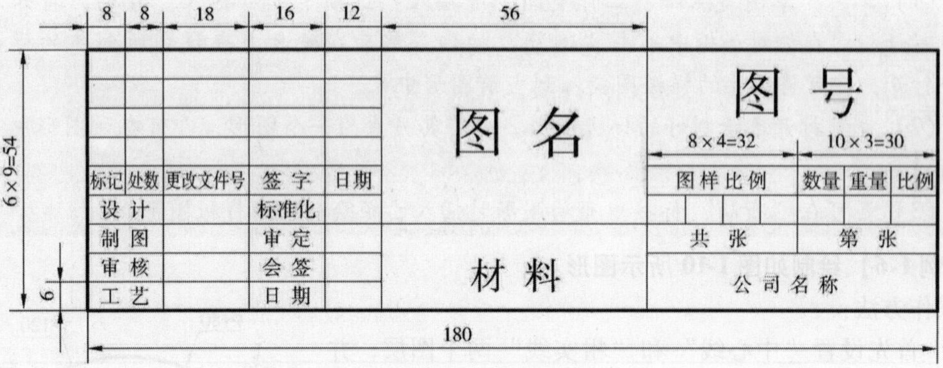

图 1-8　标题栏表格

图 1-9　A3 样板图框

● 单击程序左上角的“保存”按钮，打开“图形另存为”对话框，在“文件类型”下拉列表中选择“AutoCAD 图形样板（＊.dwt)”，然后将该样板命名为“A3”，并将其保存在 AutoCAD 样板文件夹“Template”中，接着可在弹出的“样板说明”对话框中添加一定的说明，最后单击“确定”按钮即可。

技巧

◆ 样板文件除了上面介绍的内容外，还包括很多内容，如表格样式、尺寸标注样式、多重引线样式、布局、块、外部参照等。总之，在绘图过程中经常需要重复使用的内容，都应提前绘制好，并以样板的形式保存下来，以后即可直接调用，这样可提高绘图效率，避免重复性劳动。用户可以根据后续的学习来设置相关内容。

◆ 使用样板文件的方法如下：

（1）单击“草图与注释”工作空间｜“插入”选项卡｜“插入”按钮，打开“插入”对话框。在该对话框中单击“浏览”按钮，然后在硬盘上查找到所创建的样板文件并打开，即可将需要的样板图插入到当前图形中来。

（2）也可打开已绘制好的样板图形，并将其另存为一个图形，即可在该图形中开始绘图。

（3）还可在“布局”标签中布局图形时插入已经绘制好的样板图形。

【例 1-6】绘制如图 1-10 所示图形。

操作方法：

● 首先设置“中心线”和“粗实线”两个图层，并将“中心线”层设置为当前图层。

● 调用直线命令 LINE 在绘图区绘制水平和垂直中心线。其操作和提示如下：

命令：LINE(输入直线的命令，别名“L”)

指定第一点：(用鼠标在绘图区的任意一点处单击)

指定下一点或[放弃(U)]：@200，0(输入相对于第一点的坐标，绘制出水平中心线)

指定下一点或[放弃(U)]：(按回车键 Enter 结束命令)

命令：(直接按回车键 Enter，再次调用直线命令)

LINE 指定第一点：(用鼠标在水平中心线上方的适当位置单击指定一点)

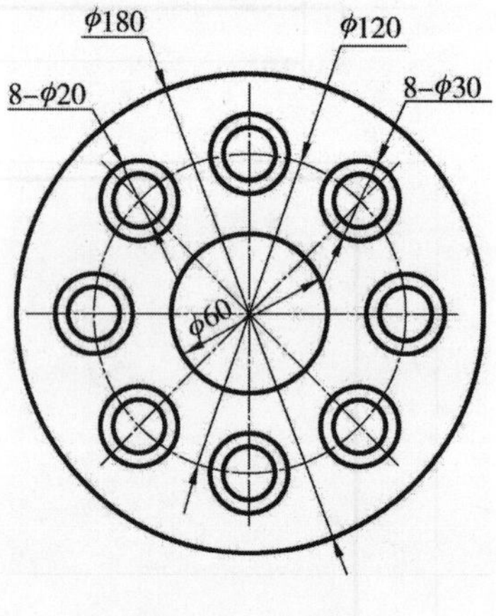

图 1-10　绘制圆

指定下一点或[放弃(U)]：@0，－200(输入相对于第一点的坐标，绘制出垂直中心线)

● 调用直线命令 LINE 在绘图区绘制倾斜中心线。其操作和提示如下：

命令：LINE(输入直线的命令，别名“L”)

指定第一点：(单击状态栏上的“对象捕捉”按钮，打开对象捕捉，并用鼠标捕捉到水平与垂直中心线的交点)

指定下一点或[放弃(U)]：@100＜45(输入相对于第一点的相对极坐标，得到右上方的倾斜中心线)

用同样方法，捕捉到水平与垂直中心线的交点后分别输入“@100<135”、“@100<225”、“@100<-45”，可得到另外三条倾斜中心线。

- 调用圆命令 CIRCLE，绘制中心线的圆。其操作和提示如下：

命令：CIRCLE(输入圆的命令，别名“C”)

指定圆的圆心或[三点(3P)/两点(2P)/相切、相切、半径(T)]：(用鼠标捕捉到中心线的交点)

指定圆的半径或[直径(D)]：60(输入圆的半径后按回车键 Enter，绘制出 $\phi120$ 的圆)

- 将“粗实线”层设置为当前图层。调用圆命令 CIRCLE，用同样方法绘制出 $\phi60$、$\phi180$、8 个 $\phi20$ 和 8 个 $\phi30$ 的圆。

【例 1-7】用“矩形”命令绘制图 1-11 的图形。

操作方法：

命令：RECTANG(输入矩形的命令，别名“REC”)

指定第一个角点或[倒角(C)/标高(E)/圆角(F)/厚度(T)/宽度(W)]：(用鼠标在绘图区任意一点单击)

指定另一个角点或[面积(A)/尺寸(D)/旋转(R)]：@50，50(输入对角点的相对坐标得到大正方形)

命令：(直接按回车键 Enter，再次调用“矩形”命令)

指定第一个角点或[倒角(C)/标高(E)/圆角(F)/厚度(T)/宽度(W)]：c(选择“倒角”选项)

指定矩形的第一个倒角距离<0.0000>：7(设置第一个倒角距离)

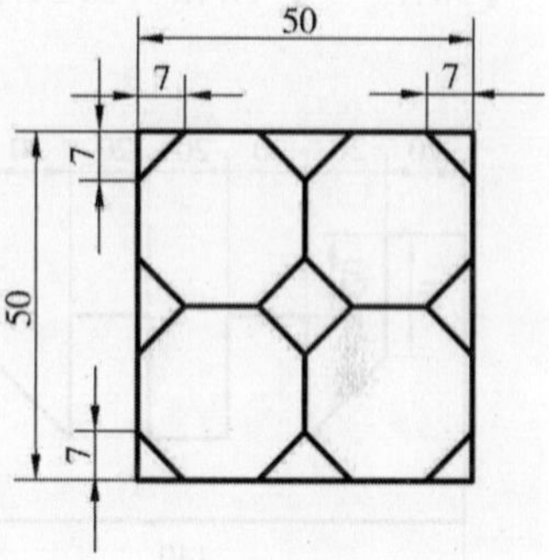

图 1-11　用矩形命令绘制图形

指定矩形的第二个倒角距离<7.0000>：(直接按 Enter 键，使用当前的倒角距离 7)

指定第一个角点或[倒角(C)/标高(E)/圆角(F)/厚度(T)/宽度(W)]：(用鼠标捕捉到大正方形的左下角点)

指定另一个角点或[面积(A)/尺寸(D)/旋转(R)]：@25，25(输入对角点的相对坐标，得到左下角的倒角正方形)

用同样方法绘制另外三个倒角正方形。

技巧

◆ 按给定距离的方式输入点，常结合“正交”和“追踪”方式使用，其使用方法如下：

(1) 结合“正交”方式使用：首先用鼠标在状态栏上的“正交”按钮上单击，打开“正交”功能。调用一个命令，如直线命令 LINE，并指定一点，接着，在命令行“指定下一点：”的提示下，用鼠标在绘图区引出水平直线或垂直直线，最后输入需要的距离值，然后按回车键 Enter 即可。

(2) 结合“追踪”功能使用：首先设置需要的“追踪”方式，并打开“追踪”功能(请见后面相关章节)。调用一个命令，如直线命令 LINE，并指定一点，接着在“指定下一点：”的提示下，将鼠标在绘图区拖动，直到显示需要的追踪辅助线，最后输入需要的距离值，然后按回车键 Enter 即可。

◆ 使用命令 FILL 或系统变量 FILLMODE、可控制实体填充命令 SOLID、圆环命令 DOUNT、矩形命令 RECTANG 等绘制的图形是否进行填充。将 FILL 命令设置为 ON 状态，或将 FILLMODE 设置为 1，则对这些命令绘制的图形进行填充；将 FILL 命令设置为 OFF 状态或将 FILLMODE 设置为 0，则不对这些命令绘制的图形进行填充。

1.2 上机操作题

【操作 1-1】用相对极坐标和相对直角坐标绘制图 1-12 所示图形。
【操作 1-2】用相对极坐标和相对直角坐标绘制图 1-13 所示图形。

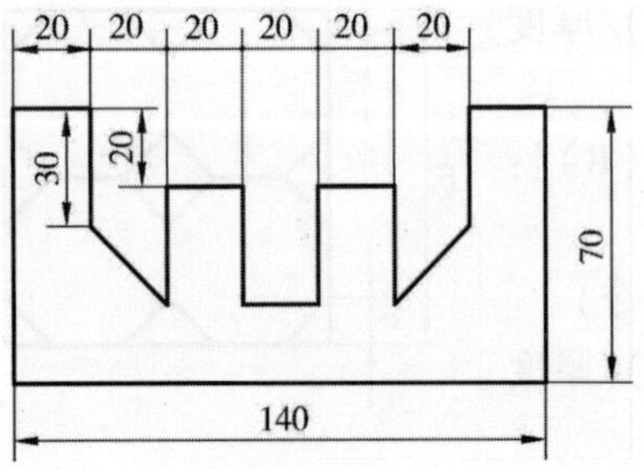

图 1-12

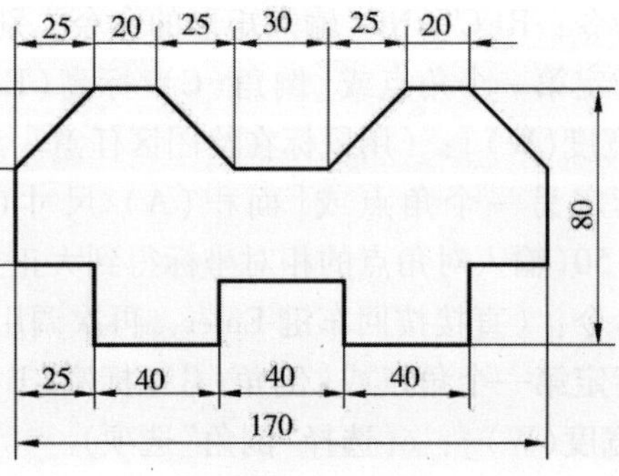

图 1-13

【操作 1-3】用相对极坐标和相对直角坐标绘制图 1-14 所示图形。
【操作 1-4】用相对极坐标和相对直角坐标绘制图 1-15 所示图形。

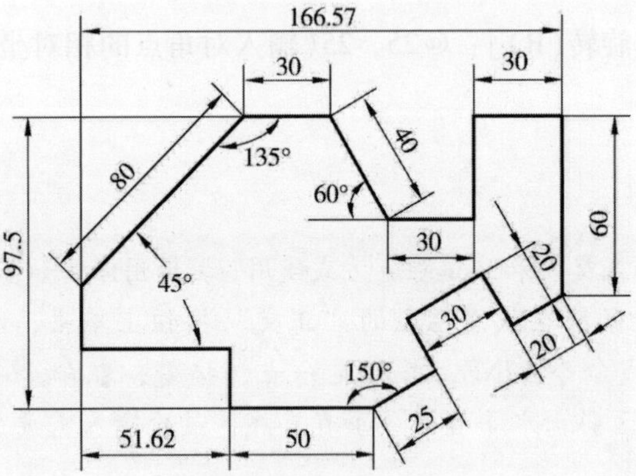

图 1-14

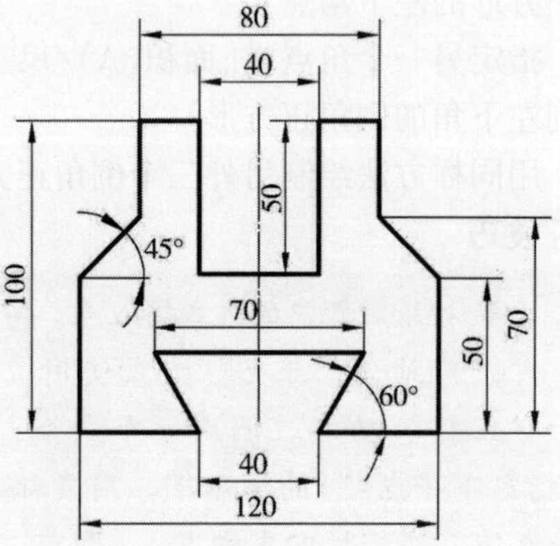

图 1-15

【操作 1-5】创建表 1-2 中常用图幅的样板文件，如图 1-16 所示。

通常 A0 ~ A3 采用横装幅面，而 A4 采用竖装幅面。图幅样式如图 1-16 所示，其中标题栏可采用图 1-8 所示的标题栏样式，用户还可以根据自己专业的要求创建符合本专业国家标准的样板文件。

表 1-2　常用图幅尺寸

幅面代号	A0	A1	A2	A3	A4
B × L	841 × 1189	594 × 841	420 × 594	297 × 420	210 × 297
a			25		
c		10		5	

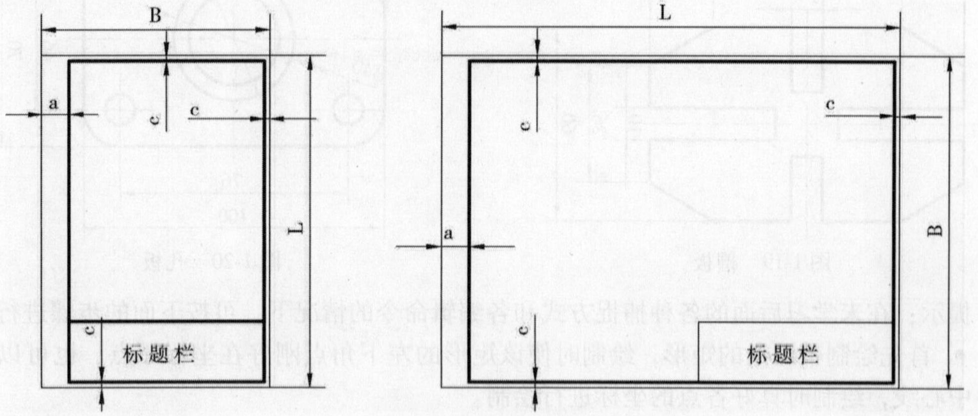

图 1-16　图幅样式

【操作 1-6】绘制如图 1-17 所示的正五角星。

操作方法：

- 首先调用“正多边形”命令（命令别名“POL”），设置边数为 5，然后选择“内接于圆”选项，并设置半径为 40，绘制一正多边形。
- 调用“圆”命令（命令别名“C”），并选择其中的“三点”方式，然后捕捉正多边形的三个顶点，绘制一辅助圆。
- 调用“圆环”命令（命令别名“DO”），并分别设置圆环的内径和外径分别为 80 和 100，然后捕捉上一步绘制的辅助圆的圆心，绘制出圆环。
- 调用直线命令 LINE，分别连接正多边形的各个顶点绘制出五角星。
- 调用“二维填充”命令（命令别名 SO），并使用其三点方式分别填充五角星。

【操作 1-7】绘制如图 1-18 所示的圆角板图形。

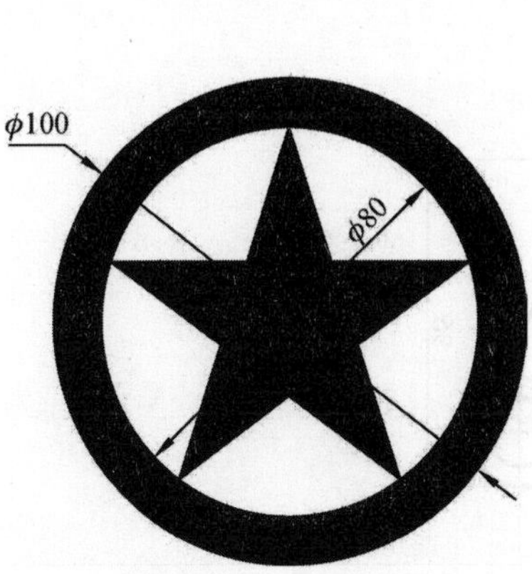

图 1-17　正五角星

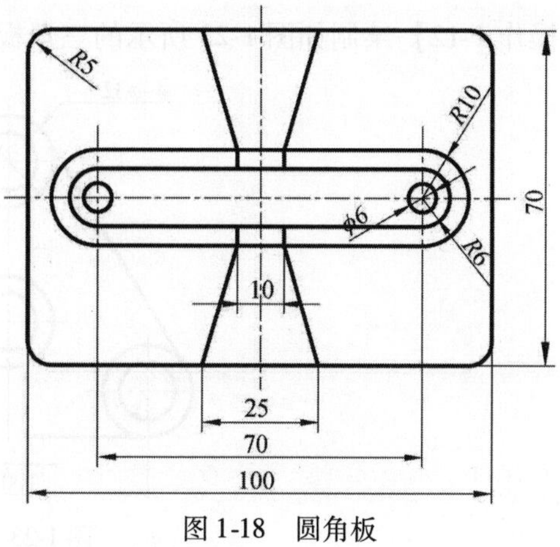

图 1-18　圆角板

【操作 1-8】绘制如图 1-19 所示的槽板图形。

【操作 1-9】绘制如图 1-20 所示的孔板。

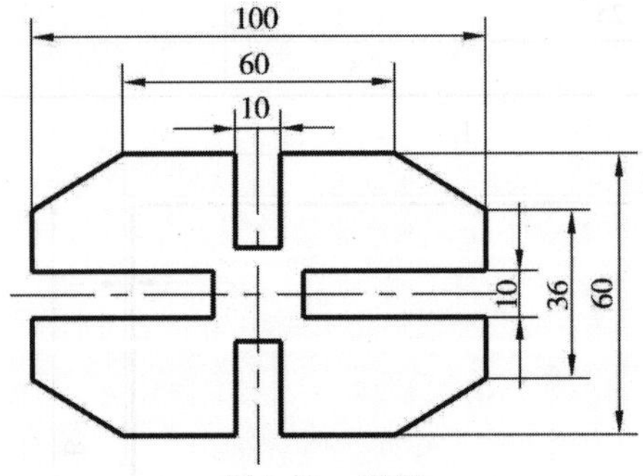

图 1-19　槽板

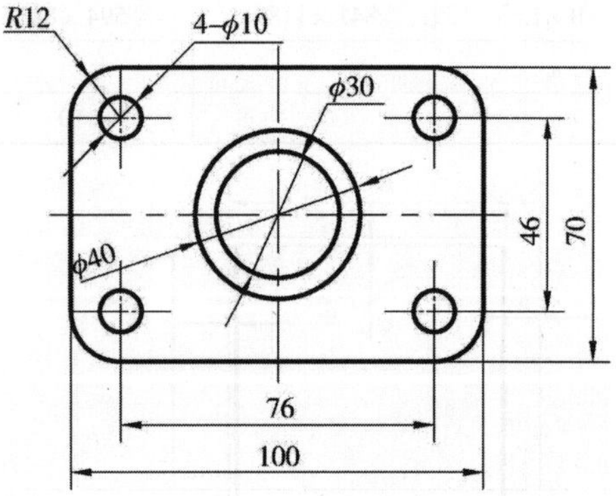

图 1-20　孔板

提示：在未学习后面的各种捕捉方式和各编辑命令的情况下，可按下面的步骤进行：

- 首先绘制带圆角的矩形，绘制时使该矩形的左下角点刚好在坐标原点。也可以先绘制各中心线，绘制时算好各点的坐标进行绘制。
- 绘制各中心线时，通过计算的方法算出各中心线的起点，然后用直线命令绘制。

【操作 1-10】绘制如图 1-21 所示的长槽板。

【操作 1-11】绘制如图 1-22 所示的圆板。

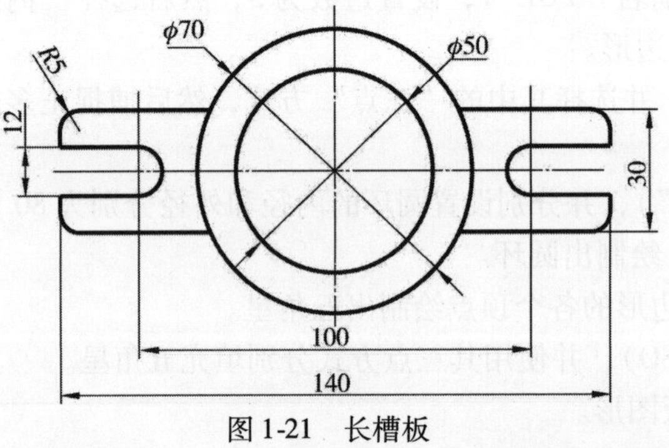

图 1-21　长槽板

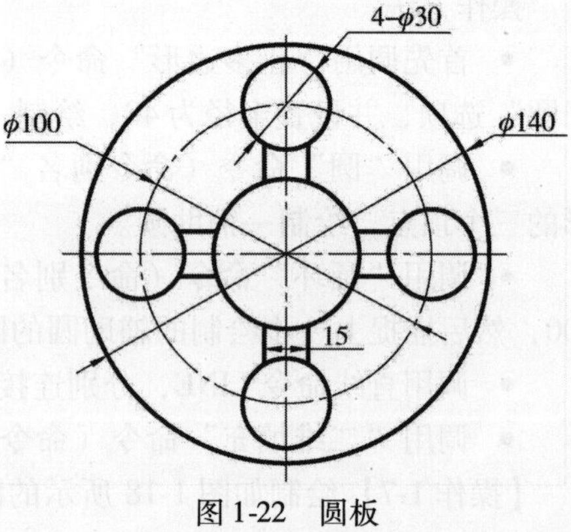

图 1-22　圆板

【操作 1-12】绘制如图 1-23 所示的三角板。

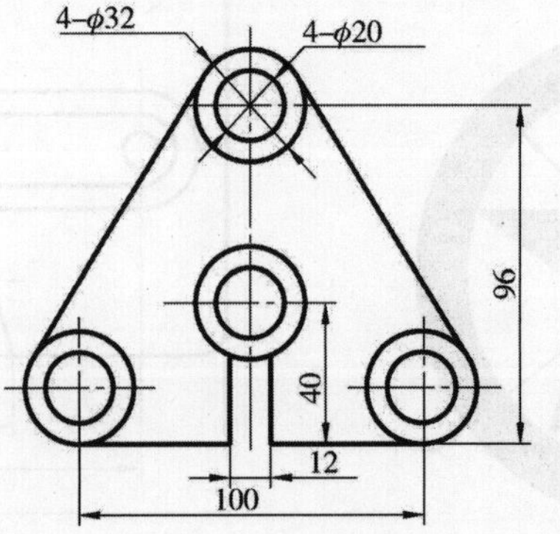

图 1-23　三角板

【操作 1-13】绘制如图 1-24 所示的腰圆板。

【操作 1-14】绘制如图 1-25 所示的运动场平面图。

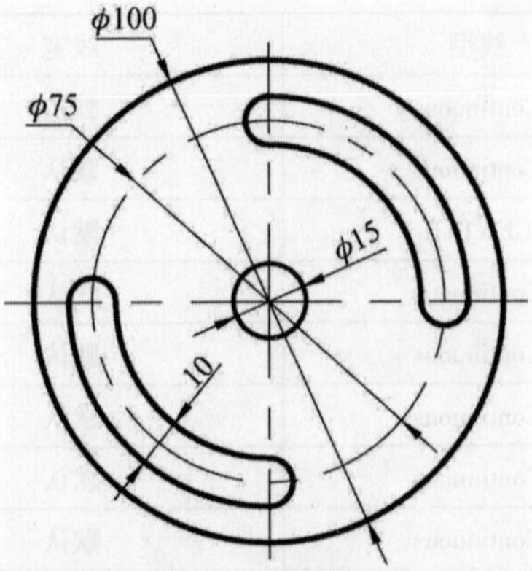

图 1-24　腰圆板

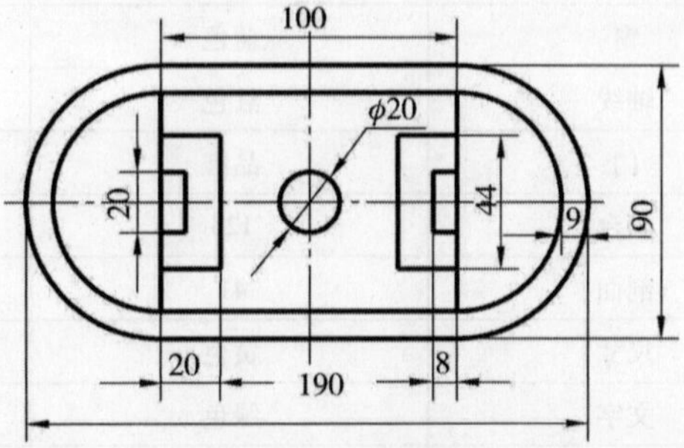

图 1-25　运动场

提示：绘制图中的跑道时，可用矩形命令中的“圆角”方式绘制，绘制时将圆角的半径设置为矩形宽度的一半来进行绘制。

【操作 1-15】绘制如图 1-26 所示的单洗手池平面图。

【操作 1-16】绘制如图 1-27 所示的梅花盘。

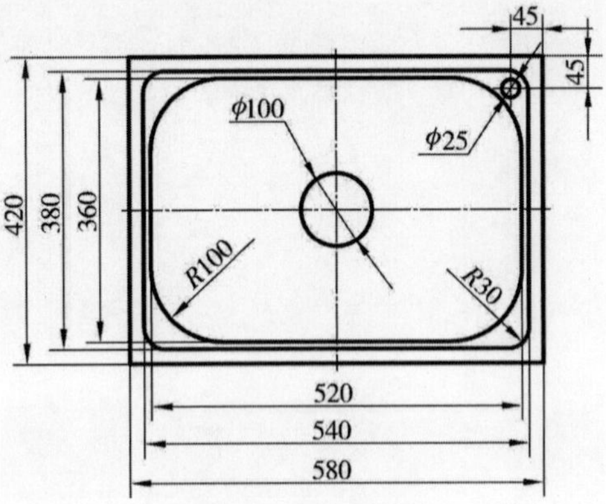

图 1-26　单洗手池

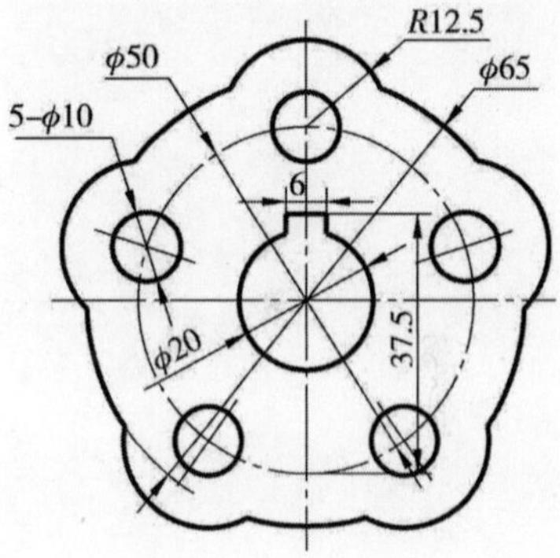

图 1-27　梅花盘

【操作 1-17】绘制如图 1-28 所示的挂轮架。

【操作 1-18】绘制如图 1-29 所示的拨叉。

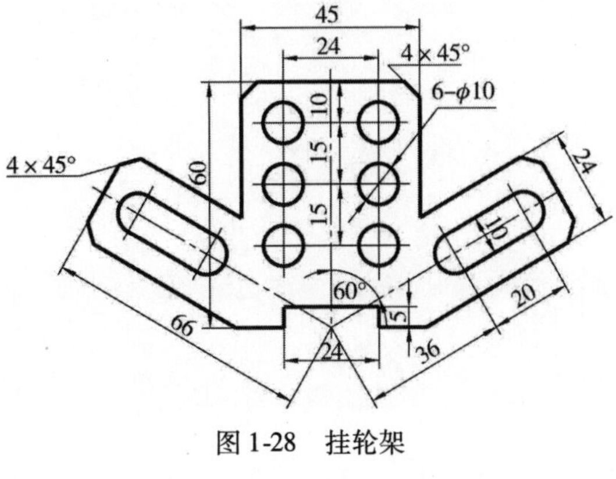

图 1-28　挂轮架

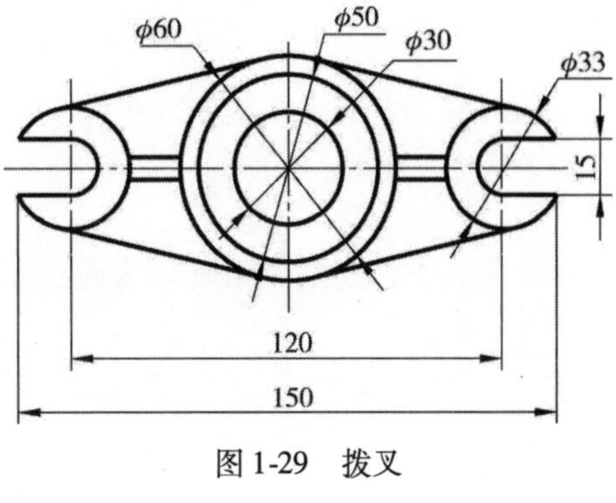

图 1-29　拨叉

【操作1-19】设置如表1-3所示绘制建筑平面图形常用的图层。

表1-3　建筑平面图常用图层

图层名称	颜色	线型	线宽
墙线	白色	Continuous	默认
窗	蓝色	Continuous	默认
轴线	红色	CENTER	默认
门	品红	Continuous	默认
阳台	123	Continuous	默认
剖面	41	Continuous	默认
尺寸	黄色	Continuous	默认
文字	绿色	Continuous	默认
楼梯	青色	Continuous	默认
视口	21	Continuous	默认
外框	蓝色	Continuous	默认
内框	白色	Continuous	默认
其他	140	Continuous	默认

第 2 章　绘图辅助功能的使用

本章摘要

熟练使用绘图辅助功能，是实现精确绘图、快速绘图与高效绘图的关键。通过本章的例题与操作题的练习，用户应熟练掌握绘图辅助工具，如对象捕捉“正交”“极轴追踪”“对象捕捉追踪”“栅格和捕捉”等等关键功能的使用，以及简单绘图与编辑命令的使用。

本章要点

- 熟练掌握“临时对象捕捉”和“自动对象捕捉”。
- 熟练掌握“极轴追踪”和“对象捕捉追踪”的设置和使用。
- 熟练掌握“角度覆盖”功能的使用。
- 熟练掌握“正交”功能的使用。
- 熟练掌握“栅格”及“捕捉”功能的设置与使用。
- 掌握图形显示缩放命令 ZOOM 以及视图显示操作的各种命令。
- 掌握“透明”命令的使用。

2.1　操作例题

【例 2-1】使用“对象捕捉”绘制如图 2-1 所示的图形。

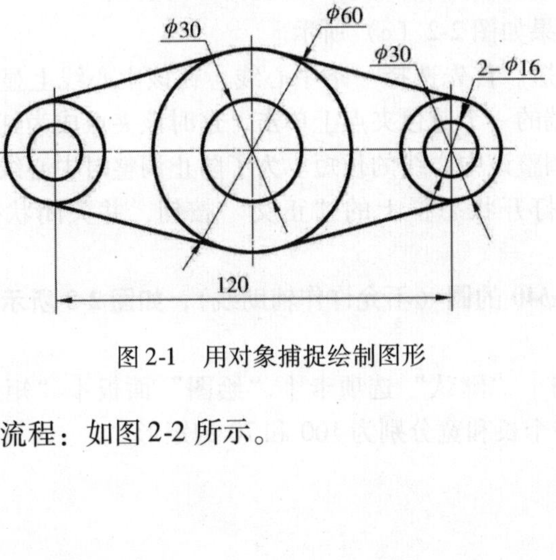

图 2-1　用对象捕捉绘制图形

知识点视频：
“对象捕捉”关键功能的使用

操作流程：如图 2-2 所示。

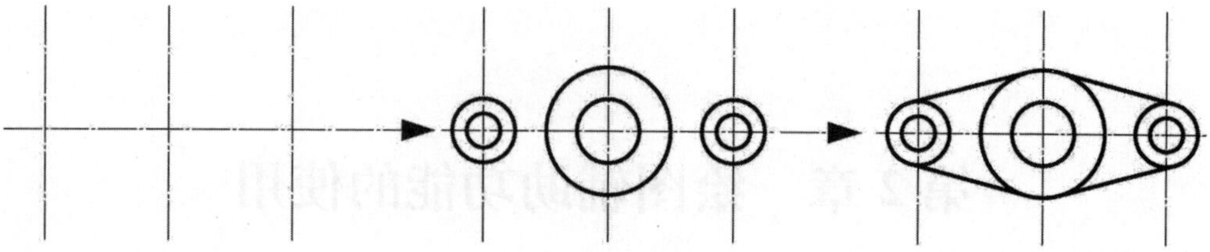

（a）绘制中心线　　（b）绘制圆　　（c）用对象捕捉绘制切线

图 2-2　操作流程

操作方法：

● 设置“中心线”图层和“粗实线”图层（用户也可以用设计中心将样板文件中创建的图层插入到当前图形中来）。然后将“中心线”图层设置为当前图层。

● 调用直线命令 LINE（命令别名“L”），绘制水平中心线和中间的垂直中心线。

● 调用偏移命令 OFFSET（命令别名“O”），将中间的垂直中心线向左右 60 各偏移一根出来，得到左右的垂直中心线，如图 2-2（a）所示。其操作和提示如下：

命令：OFFSET（输入偏移命令的命令别名“O”）

当前设置：删除源 = 否　图层 = 源　OFFSETGAPTYPE = 0

指定偏移距离或[通过(T)/删除(E)/图层(L)] <通过>：60（指定偏移距离）

选择要偏移的对象，或[退出(E)/放弃(U)] <退出>：（选择中间的垂直中心线）

指定要偏移的那一侧上的点，或[退出(E)/多个(M)/放弃(U)] <退出>：（用鼠标在中间垂直中心线的左边任意一点单击，得到左边的垂直中心线）

选择要偏移的对象，或[退出(E)/放弃(U)] <退出>：（再选择中间的垂直中心线）

指定要偏移的那一侧上的点，或[退出(E)/多个(M)/放弃(U)] <退出>：（用鼠标在中间垂直中心线的右边任意一点单击，得到右边的垂直中心线）

选择要偏移的对象，或[退出(E)/放弃(U)] <退出>：（按 Enter 键结束命令）

● 调用圆命令 CIRCLE（命令别名“C”），分别绘制 $\phi16$、$\phi30$ 和 $\phi60$ 的各圆，如图 2-2（b）所示。

● 调用直线命令 LINE（命令别名“L”），然后单击“对象捕捉”工具栏上的“捕捉到切点”工具按钮，接着用鼠标在 $\phi60$ 圆的左上方单击一点；接着再单击“捕捉到切点”工具按钮，然后用鼠标在左边 $\phi30$ 圆的上边单击，绘制出左上两圆的切线。

● 用同样方法绘制其他切线，结果如图 2-2（c）所示。

● 用夹点方式调整各中心线的长短。首先选择一条中心线，在该中心线上显示默认的蓝色夹点，将鼠标移动到该中心线一端的一个蓝色夹点上单击，这时该夹点成为红色，即进入夹点编辑模式，接着拖动鼠标即可调整该中心线的长短。为了防止调整时中心线发生倾斜和捕捉到对象的特征点上，调整时应打开状态栏上的“正交”按钮，并关闭状态栏上的“对象捕捉”按钮，结果如图 2-1 所示。

【例 2-2】在矩形的正中绘制一个 $\phi40$ 的圆（不允许作辅助线），**如图 2-3 所示。**

操作方法：

● 选择“草图与注释”工作空间 |“默认”选项卡 |“绘图”面板 |“矩形”命令（命令别名“REC”），在绘图区绘制一个长和宽分别为 100 和 70 的矩形。

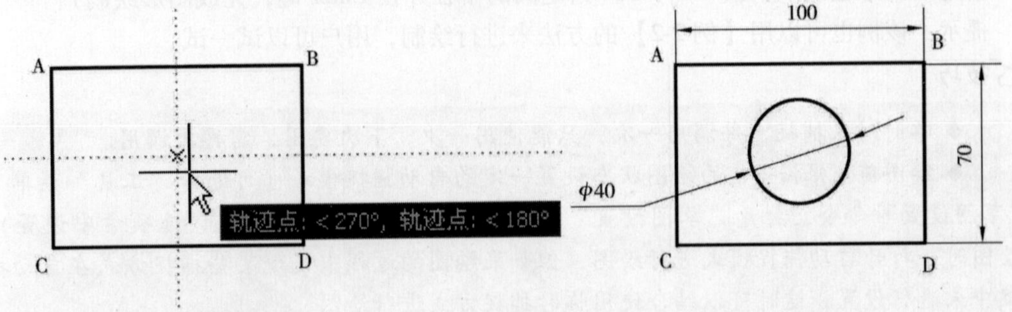

（a）使用临时追踪　　（b）结果

图 2-3　使用临时追踪绘制图形

• 调用圆命令 CIRCLE，并结合“对象捕捉” | “临时追踪点”工具绘制圆，其操作和提示如下：

命令：CIRCLE（输入圆命令的命令，别名“C”，并按 Enter 键）

指定圆的圆心或[三点(3P)/两点(2P)/相切、相切、半径(T)]：_tt（按住 Shift 键右击，在快捷菜单中选择“临时追踪点”工具）

指定临时对象追踪点：_mid 于（按住 Shift 键右击，在快捷菜单中选择“中点”工具，然后将光标移动到 AB 边单击，捕捉到 AB 边的中点）

指定圆的圆心或[三点(3P)/两点(2P)/相切、相切、半径(T)]：_tt（指定临时对象追踪点，再次选择“临时追踪点”工具）

_mid 于（再次选择“中点”工具，并将光标移动到 BD 边单击，捕捉到 BD 边的中点）

指定圆的圆心或[三点(3P)/两点(2P)/相切、相切、半径(T)]：（将光标向矩形的中心附近移动，当出现了两条对齐辅助虚线时，用鼠标单击，即可在矩形的正中心点捕捉到圆的圆心，如图 2-3（a）所示

指定圆的半径或[直径(D)]：20（指定圆的半径绘制出圆，结果如图 2-3（b）所示）

【例 2-3】在直线 AB 的正上方 50 处绘制一个直径为 ϕ50 的圆，如图 2-4 所示。

操作方法：

• 调用直线命令 LINE（命令别名“L”），在绘图区中绘制一长度为 70 的水平直线。

• 调用圆命令 CIRCLE（命令别名“C”），并结合“对象捕捉” | “捕捉自”工具绘制 ϕ50 的圆。其操作和提示如下：

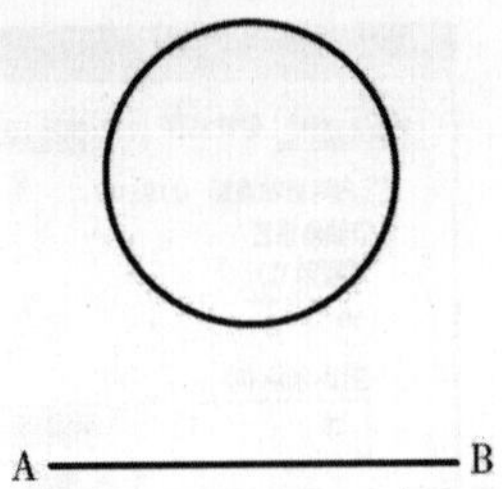

图 2-4　使用“捕捉自”绘制图形

命令：CIRCLE（输入圆命令的命令，别名“C”，并按 Enter 键）

指定圆的圆心或[三点(3P)/两点(2P)/相切、相切、半径(T)]：_from 基点（按住 Shift 键右击，在快捷菜单中选择“捕捉自”工具）

：_mid（按住 Shift 键右击，在快捷菜单中选择“中点”工具，然后用鼠标单击 AB 直线的中点）

于 < 偏移 >：@0，50（输入圆心相对于 AB 直线中点的偏移量，得到圆的圆心）

指定圆的半径或[直径(D)]：25(指定圆的半径并按Enter键，完成图形绘制)

提示：该例也可以用【例2-2】的方法来进行绘制，用户可以试一试。

技巧

◆ 临时对象捕捉，每调用一次，只能使用一次，下次要用，需再次调用。

◆ 绘图前应根据当前的绘图状态设置一定的自动捕捉模式（可选择“工具”菜单|“草图设置”命令，打开“草图设置”对话框，然后在“对象捕捉”选项卡中设置)。绘图时，打开自动捕捉模式进行绘图，但如果绘图的过程中发现某些捕捉方式在自动捕捉中未进行设置，这时可以结合使用临时捕捉方式进行绘图。

◆“临时追踪点”工具主要用于相对于某个已知点进行水平追踪和垂直追踪而得到需要的捕捉点；“捕捉自”工具主要用于以某个已知点为基点偏移一定的距离而得到需要的捕捉点。这两个工具都不能单独使用，须结合“临时对象捕捉”中的工具（即“对象捕捉”工具栏上的其他工具按钮，或按住Shift键后右击，选择快捷菜单中的选项，或结合“自动捕捉”功能使用。

【例2-4】使用极轴追踪绘制如图2-5所示的图形。

操作方法：

• 用鼠标在状态栏上的“极轴”按钮上右击，从快捷菜单中选择“设置”选项，打开“草图设置”对话框。在该对话框的“极轴追踪”选项卡|“极轴角设置”组件中设置“增量角”为30°，选择“附加角”复选框，并单击“新建”按钮，设置附加角为25度。最后单击“确定”按钮，完成绘制该幅图形所需的极轴角设置。设置完成的“极轴追踪”选项卡如图2-6所示。

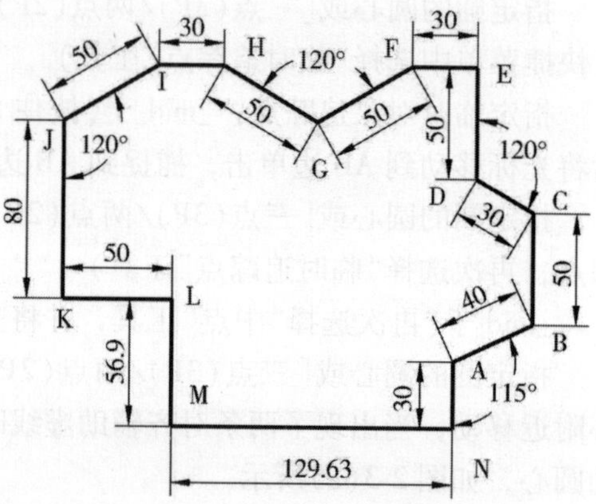

图2-5　用极轴追踪绘制图形

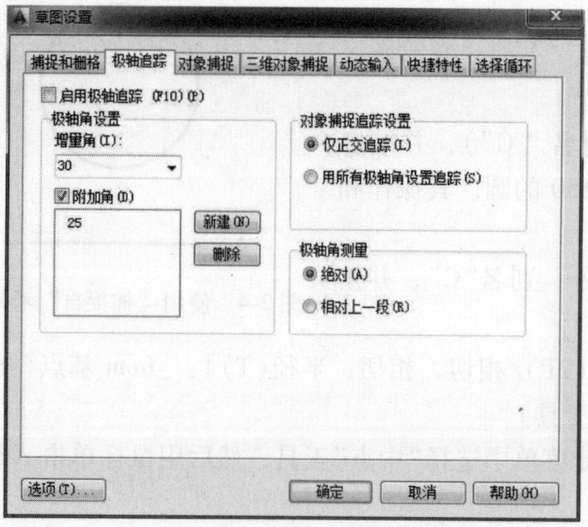

图2-6　“极轴追踪”选项卡

综合知识点视频：

追踪“功能”和“角度覆盖”功能

• 用鼠标在状态栏上的“极轴”按钮上单击（或按 F10 键），打开极轴追踪功能。

• 调用“直线”命令 LINE（命令别名“L”），用鼠标在绘图区的任意一处单击，得到 A 点。

• 将鼠标向右上拖动，当在鼠标旁边的工具栏提示中显示角度为 25°时，在命令行输入 40 并按 Enter 键，得到 AB 线段。

• 将鼠标向上拖动，当在鼠标旁边的工具栏提示中显示角度为 90°时，在命令行输入 50 并按 Enter 键，得到 BC 线段。

• 将鼠标向左上拖动，当在鼠标旁边的工具栏提示中显示角度为 150°时，在命令行输入 30 并按 Enter 键，得到 CD 线段。

• 用户可以用该方法依次绘制出其余线段。

【例 2-5】使用对象捕捉追踪绘制如图 2-7 所示的图形的俯视图。

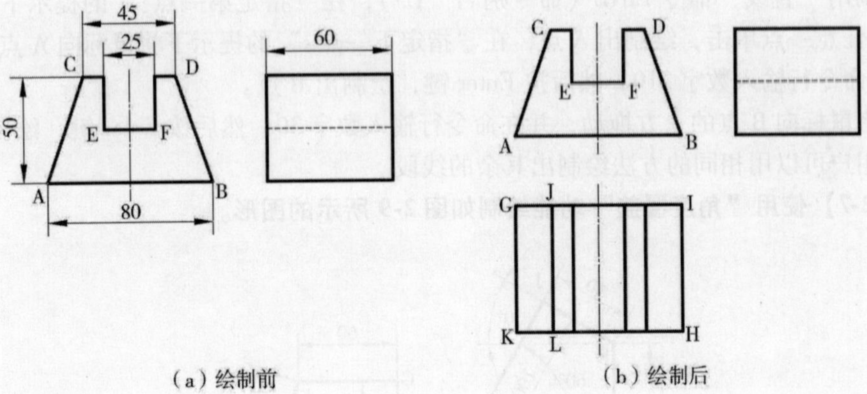

图 2-7　用对象捕捉追踪绘制图形

操作方法：

• 选择“工具”菜单 | “草图设置”命令，打开“草图设置”对话框，在“对象捕捉”选项卡中设置“端点”和“交点”捕捉模式，并单击“确定”按钮。然后用鼠标单击状态栏上的“对象捕捉”和“对象追踪”按钮，打开对象捕捉追踪功能。

• 在命令行输入“矩形”命令的命令 RECTANG，别名“REC”，并按 Enter 键，在“指定第一个角点：”的提示下将鼠标放在 A 点略作停顿然后向下拖动，当出现追踪辅助虚线时，向下移动鼠标，在主视图下面的合适位置单击绘制出 G 点。接着在“指定另一个角点：”的提示下输入“@80，-60”，并按 Enter 键，绘制出 H 点。

• 调用“直线”命令 LINE（命令别名“L”），在“指定第一点：”的提示下将鼠标放在 C 点略作停顿然后向下拖动，当出现追踪辅助虚线时，向下拖动鼠标到俯视图的 GI 直线上，当出现交点捕捉标记时用鼠标单击得到 J 点。接着再将鼠标在 C 点引一下，待出现追踪辅助虚线时向下拖动鼠标到 HK 直线上，当出现交点捕捉标记时单击，绘制出 JL 直线。

• 用同样方法可绘制出俯视图上的其他线段。结果如图 2-7（b）所示。

【例 2-6】使用正交功能绘制如图 2-8 所示的图形。

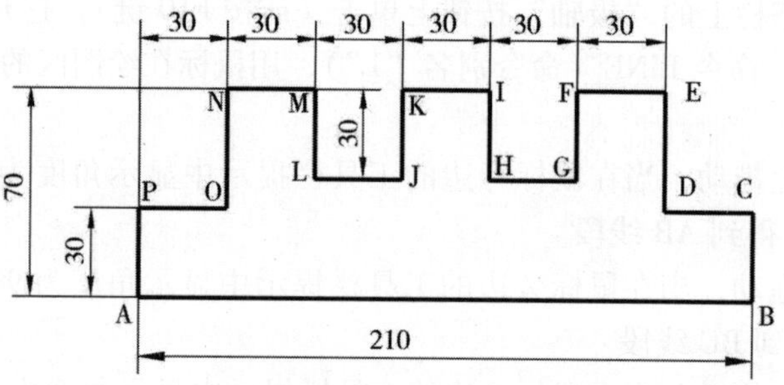

图 2-8　用正交方式绘制图形

操作方法：

- 单击状态栏上的“正交”按钮，打开“正交”功能。
- 调用“直线”命令 LINE（命令别名“L”），在“指定第一点：”的提示下用鼠标在绘图区的任意一点单击，绘制出 A 点，在“指定下一点：”的提示下将鼠标向 A 点的右方拖动，并在命令行输入数字 210，然后按 Enter 键，绘制出 B 点。
- 将鼠标向 B 点的上方拖动，并在命令行输入数字 30，然后按 Enter 键，绘制出 C 点。
- 用户可以用相同的方法绘制出其余的线段。

【例 2-7】使用“角度覆盖”功能绘制如图 2-9 所示的图形。

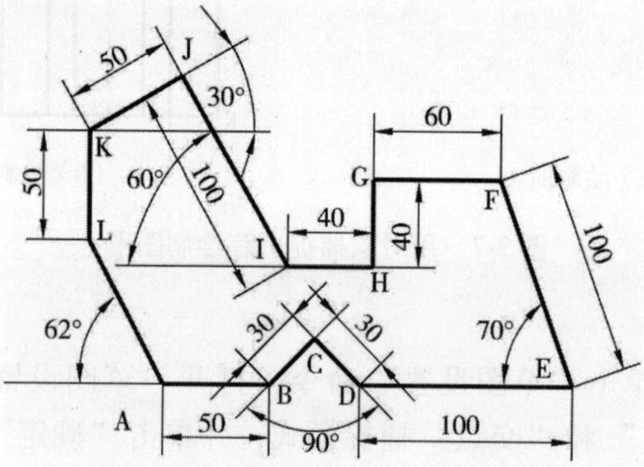

图 2-9　利用角度覆盖功能绘制图形

操作方法：

- 调用“直线”命令 LINE（命令别名“L”），在“指定第一点：”的提示下，用鼠标在绘图区的任意一点处单击，绘制出 A 点。在“指定下一点：”的提示下在命令行输入“<0”（即使用临时替代角 0 度）并按 Enter 键，然后将鼠标向 A 点的右方拖动，在命令行输入 AB 段直线的长度 50 并按 Enter 键，绘制出线段 AB。
- 在“指定下一点：”的提示下在命令行输入临时替代角“<45”并按 Enter 键，然后将鼠标向 B 点的右上方拖动，接着在命令行输入 BC 段的长度 30 并按 Enter 键，绘制出线段 BC。
- 在“指定下一点：”的提示下在命令行输入临时替代角“<−45”并按 Enter 键，然后将鼠标向 C 点的右下方拖动，接着在命令行输入 CD 段的长度 30 并按 Enter 键，绘制出线段 CD。

● 用户可以用相同方法绘制出其余线段。

技巧

◆ 按给的距离指定点常结合追踪功能或正交功能使用。使用时，首先打开追踪功能或正交方式，接着将鼠标向需要的方向移动，直到出现追踪对齐辅助虚线或正交线时，输入指定的距离，并按 Enter 键，即可绘制出沿指定方向和给定长度的线段。

◆"角度覆盖"功能即极轴替代角功能，该功能是使用一个临时的极轴替代角来临时代替原来设置的极轴追踪角进行追踪。使用时首先调用某个绘图命令，然后在"指定点："的提示下输入"＜角度"，如"＜30"，接着按 Enter 键，即可按指定的角度进行追踪。使用该功能时，不一定要打开"极轴追踪"功能。

◆ 使用极轴追踪功能时，在"草图设置"对话框｜"极轴追踪"选项卡中设置了一个"增量角"，则进行极轴追踪时，凡为该增量角整倍数的角处都将显示追踪辅助虚线；而在该选项卡中设置了一个附加角，则追踪时就只在设置的附加角处显示追踪辅助虚线。

【例 2-8】用"栅格"和捕捉功能绘制如图 2-10 所示的角板三视图。

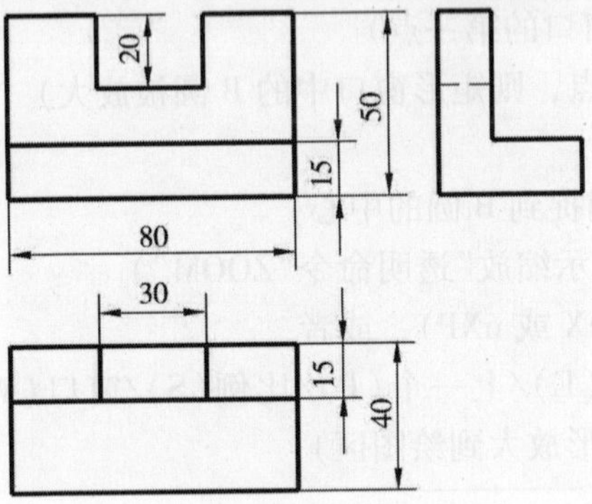

图 2-10　角板三视图

知识点视频：
"栅格"和捕捉功能的使用

分析：由于该图形的尺寸均为 5 的整数倍，因此应将"栅格"和捕捉间距设置为 5。

操作方法：

● 选择"工具"菜单｜"草图设置"命令，打开"草图设置"对话框，在其中的"捕捉和栅格"选项卡中，将"栅格 X 轴间距"、"栅格 Y 轴间距"、"捕捉 X 轴间距"和"捕捉 Y 轴间距"等四项的值都设置为 5，然后单击"确定"按钮，关闭对话框。

● 单击状态栏上的"栅格"和"捕捉"按钮，打开"栅格"和"捕捉"功能。

● 调用直线命令 LINE（命令别名"L"），沿栅格点移动光标即可绘制出该图形。

【例 2-9】使用透明命令方式，过直径为 1 的两个小圆的中心绘制一条直线，如图 2-11 所示。

操作方法：

● 设置"自动对象捕捉"模式为"圆心"方式，并打开状态栏上的"对象捕捉"按钮。

● 调用直线命令 LINE 绘制直线。

命令：LINE（输入直线命令的命令别名"L"）

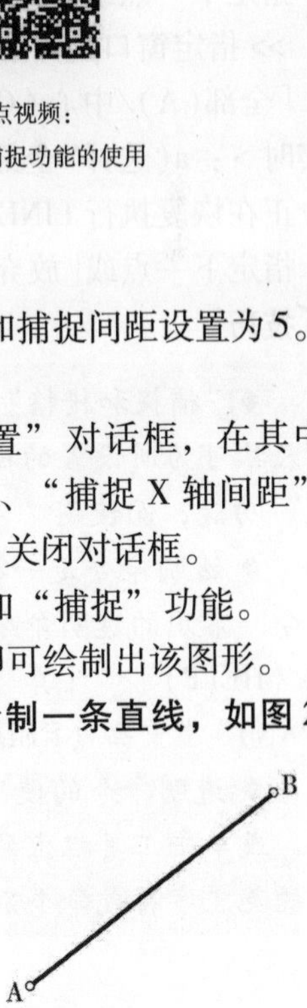

图 2-11　过小圆中心绘制直线

指定第一点:'z(调用“显示缩放”透明命令“ZOOM”)

>>指定窗口的角点，输入比例因子(nX或nXP)，或者[全部(A)/中心(C)/动态(D)/范围(E)/上一个(P)/比例(S)/窗口(W)/对象(O)]<实时>:(用窗口方式放大A圆，指定窗口的第一点)

>>>>指定对角点:(指定窗口的第二点，则矩形窗口中的A圆被放大)

正在恢复执行LINE命令。

指定第一点:(用光标捕捉到A圆的圆心)

指定下一点或[放弃(U)]:'z(调用“显示缩放”透明命令“ZOOM”)

>>指定窗口的角点，输入比例因子(nX或nXP)，或者[全部(A)/中心(C)/动态(D)/范围(E)/上一个(P)/比例(S)/窗口(W)/对象(O)]<实时>:a(用“全部”方式显示整个图形)

正在恢复执行LINE命令。

指定下一点或[放弃(U)]:'z(调用“显示缩放”透明命令“ZOOM”)

>>指定窗口的角点，输入比例因子(nX或nXP)，或者

[全部(A)/中心(C)/动态(D)/范围(E)/上一个(P)/比例(S)/窗口(W)/对象(O)]<实时>:(用窗口方式放大B圆，指定窗口的第一点)

>>>>指定对角点:(指定窗口的第二点，则矩形窗口中的B圆被放大)

正在恢复执行LINE命令。

指定下一点或[放弃(U)]:(用鼠标捕捉到B圆的中心)

指定下一点或[放弃(U)]:'z(调用“显示缩放”透明命令“ZOOM”)

>>指定窗口的角点，输入比例因子(nX或nXP)，或者

[全部(A)/中心(C)/动态(D)/范围(E)/上一个(P)/比例(S)/窗口(W)/对象(O)]<实时>:a(选择“全部”选项，将整个图形放大到绘图区)

正在恢复执行LINE命令。

指定下一点或[放弃(U)]:(按Enter键结束命令)

技巧

◆“捕捉和栅格”功能通常用于绘制具有一定规律的图形对象，或用于所绘制对象的尺寸可为所设置的栅格和捕捉间距的整数倍的图形。一般情况通常不打开“栅格和捕捉”功能，而使用“对象捕捉”功能。

◆透明命令是一种在某个命令正在使用时可以插入使用而不中断正在使用命令的命令。常用的透明命令有:“捕捉(SNAP)”“栅格(GRID)”“正交(ORTHO)”“帮助(HELP)”“计算(CAL)”“对象捕捉(OSNAP)”“显示缩放(ZOOM)”“平移(PAN)”“重画(REDRAW)”和“图层(LAYER)”等。

◆透明命令的使用方法:正在执行某个命令的情况下，从菜单中选择某个透明命令，或单击工具栏上的某个透明命令的工具按钮，或在命令行输入带引号的某个透明命令的英文字符或命令别名，如“'Z”。

2.2　上机操作题

【操作 2-1】使用“对象捕捉”绘制如图 2-12 所示的图形。

【操作 2-2】使用“对象捕捉”绘制手轮图形，如图 2-13 所示。

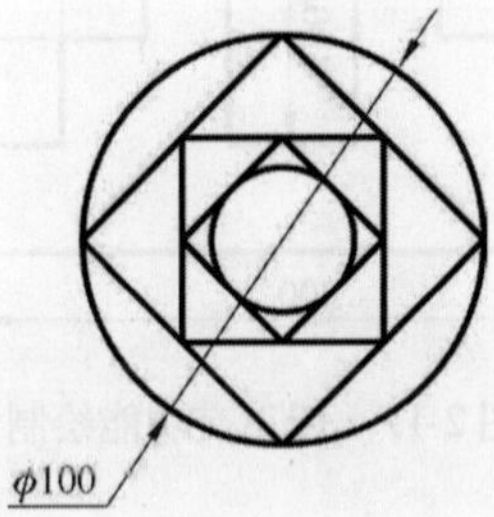

图 2-12　用对象捕捉绘制图形

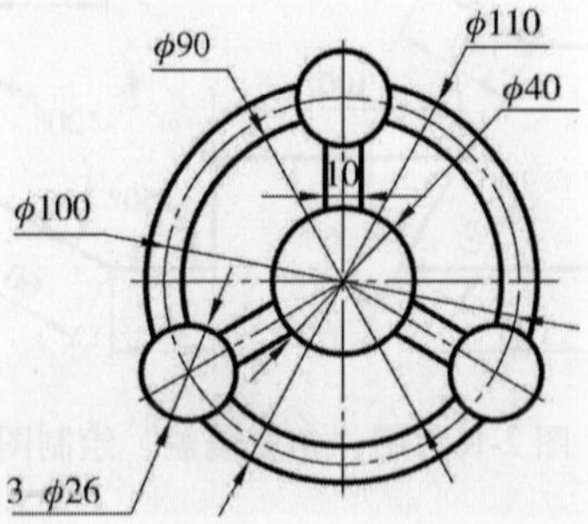

图 2-13　手轮

提示：该图形在绘制过程中可选择“默认”选项卡｜“修改”面板｜“修剪”命令（命令别名“TR”）修剪掉多余的图线。调用该命令后，首先选择修剪的边界，接着按 Enter 键，然后再用鼠标单击须修剪掉的多余线段。

【操作 2-3】使用“极轴追踪”和“对象捕捉”追踪绘制图形，如图 2-14 所示。

提示：

- 在绘制 CD 段垂线时，首先应设置“中点”和“垂足”捕捉模式，并打开“对象捕捉”和“对象追踪”按钮（即打开对象捕捉追踪功能）。
- 绘制时首先用鼠标在 AB 线段的中点单击得到 D 点，然后将鼠标向左上方向拖动，当在直线 AB 上出现“垂足”捕捉标记时，同时也会显示追踪辅助虚线，这时在命令行输入 CD 段的长度并按 Enter 键即可绘制出线段 CD。

【操作 2-4】使用“极轴追踪”绘制如图 2-15 所示的图形。

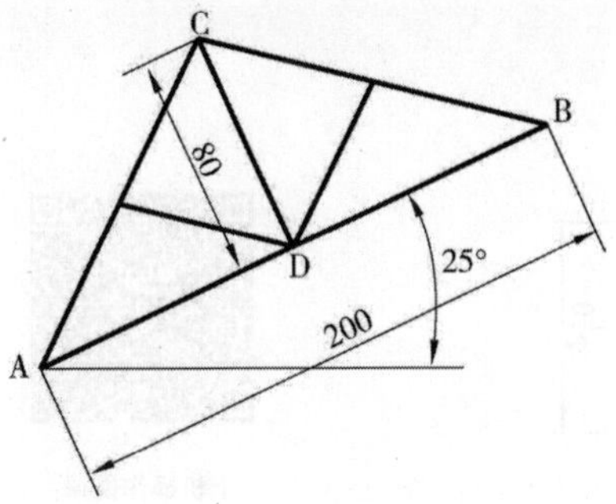

图 2-14　使用“极轴追踪”和“对象捕捉”追踪绘制图形

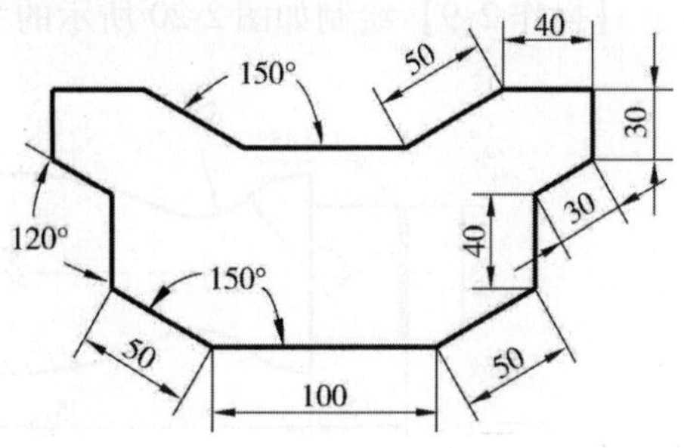

图 2-15　使用“极轴追踪”绘制图形

提示：首先设置一个极轴增量角度为 30 度。绘制时须结合按给定的距离指定点的方式进行绘制。

【操作 2-5】利用“角度覆盖”绘制如图 2-16 所示的图形。

提示：该图形在绘制时须结合对象捕捉追踪功能进行绘制。

【操作 2-6】用“正交”功能绘制如图 2-17 所示的图形。

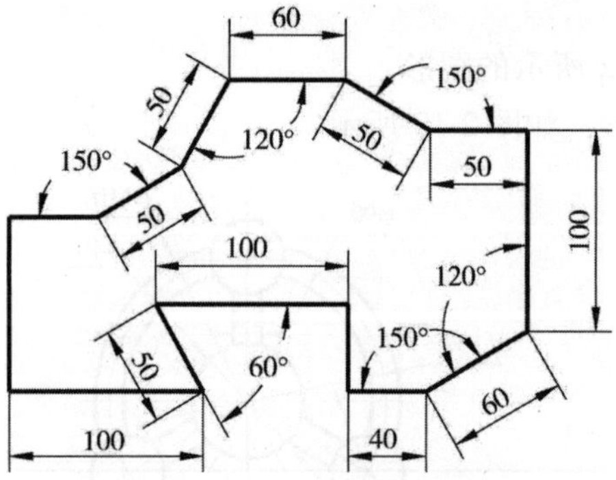

图 2-16　用“角度覆盖”绘制图形

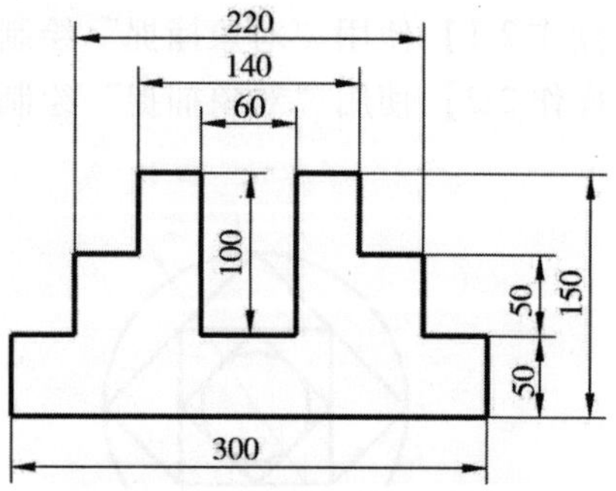

图 2-17　用正交功能绘制图形

【操作 2-7】用“对象捕捉”对象追踪绘制如图 2-18 所示的三视图。

【操作 2-8】用“栅格和捕捉”功能绘制如图 2-19 所示的支板三视图。

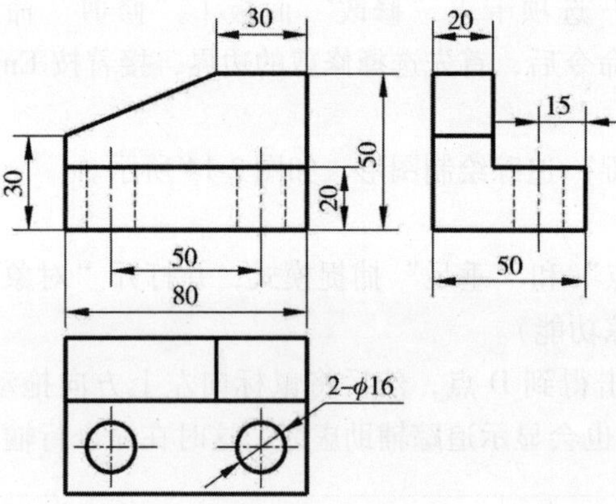

图 2-18　用对象捕捉追踪绘制直角板三视图

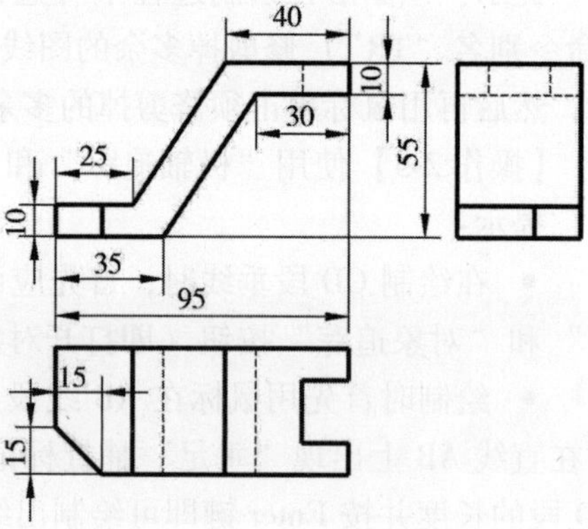

图 2-19　支板三视图

【操作 2-9】绘制如图 2-20 所示的手柄。

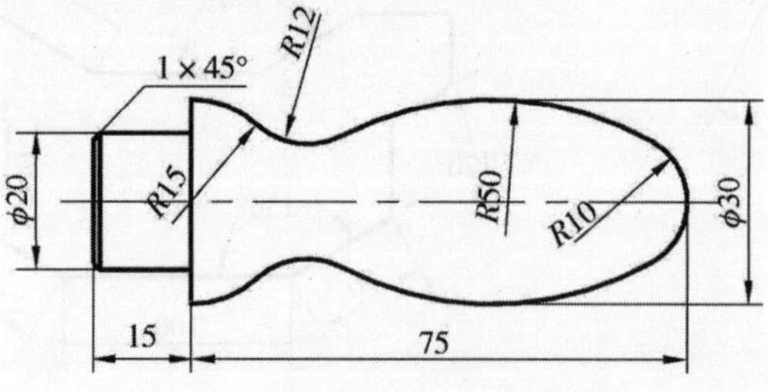

图 2-20　手柄

上机操作视频：

手柄的绘制

提示：该图形的绘制难点主要在右边的各段圆弧的绘制，如图 2-21 所示，其主要操作步骤如下：

● 首先绘制左边部分，以及左边 R15 的圆和右边 R10 的圆，如图 2-21（a）所示。

● 调用偏移命令 OFFSET（命令别名“O”），将水平中心线向上，向下偏移 15，各偏移出一根中心线作为绘制 R50 圆的辅助线。

● 选择“绘图”菜单｜“圆”｜“相切、相切、半径”命令，绘制 R50 的圆和右边的 R10 圆以及刚偏移出的辅助直线相切，如图 2-21（b）所示。

● 再次调用“绘图”菜单｜“圆”｜“相切、相切、半径”命令，绘制 R12 的圆和左边的 R15 以及中间的 R50 的圆相切，如图 2-21（c）所示。

● 最后，调用“修剪”命令 TRIM（命令别名“TR”），修剪出图像。结果如图 2-20 所示。

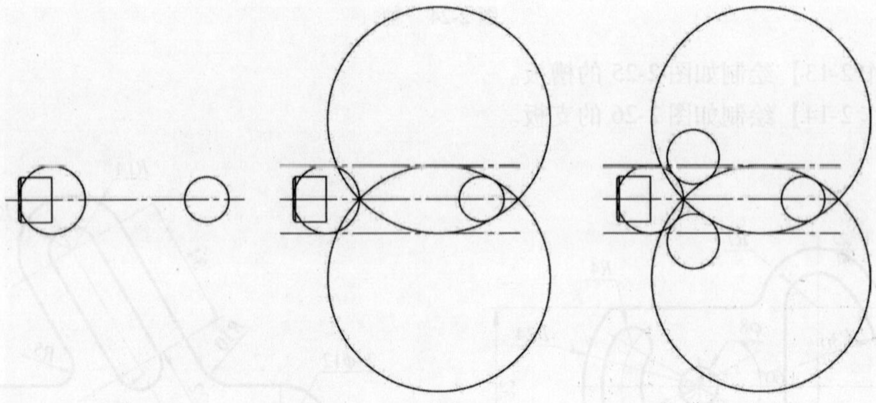

图 2-21　操作步骤

【操作 2-10】绘制如图 2-22 所示的马桶。

【操作 2-11】绘制如图 2-23 的弧板。

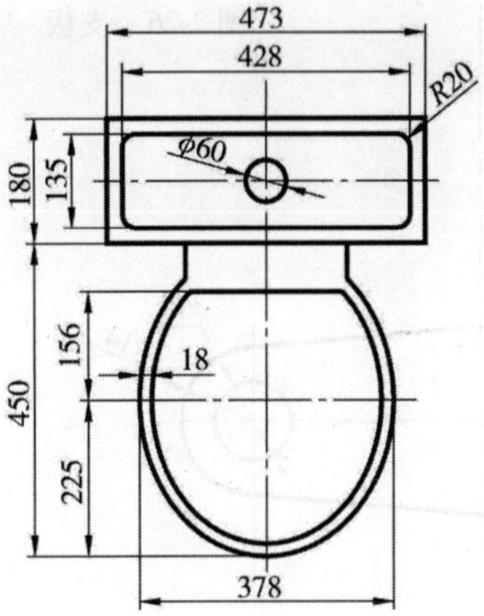

图 2-22　马桶

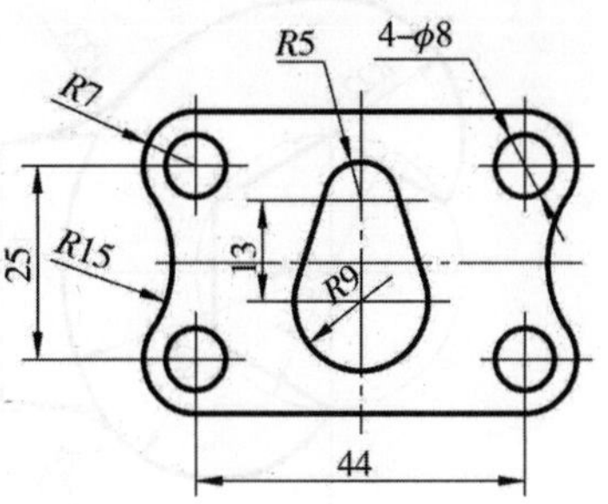

图 2-23　弧板

【操作 2-12】绘制如图 2-24 的轴。

提示：两端的 1.5×45°可调用“修改”菜单｜“倒角”命令，并选择“距离”选项，设置两个距离都为 1.5，然后再倒角即可。

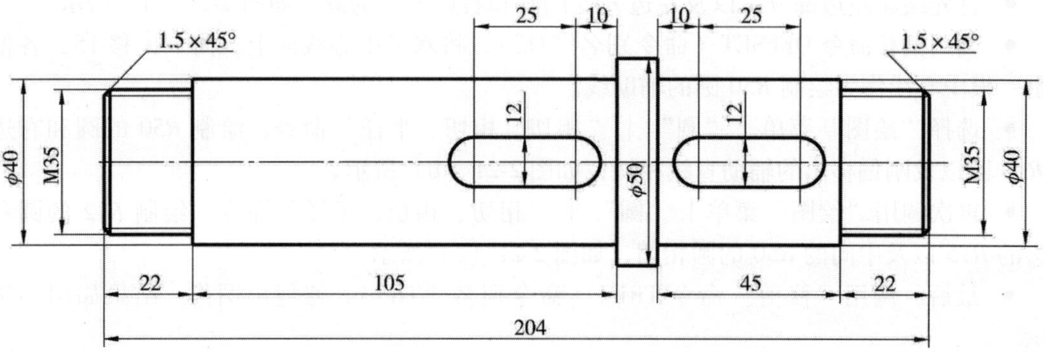

图 2-24　轴

【操作 2-13】绘制如图 2-25 的槽板。

【操作 2-14】绘制如图 2-26 的支板。

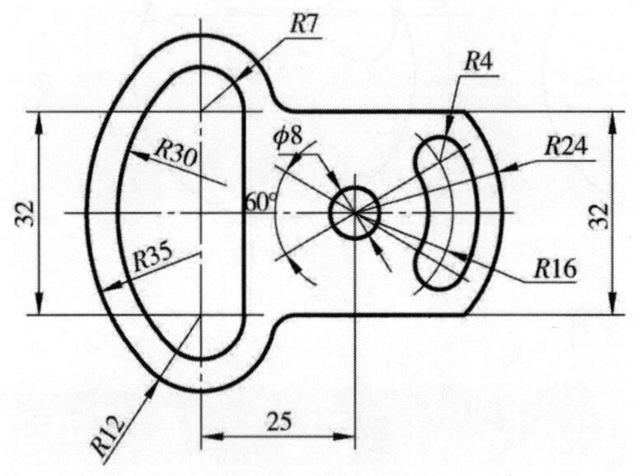

图 2-25　槽板

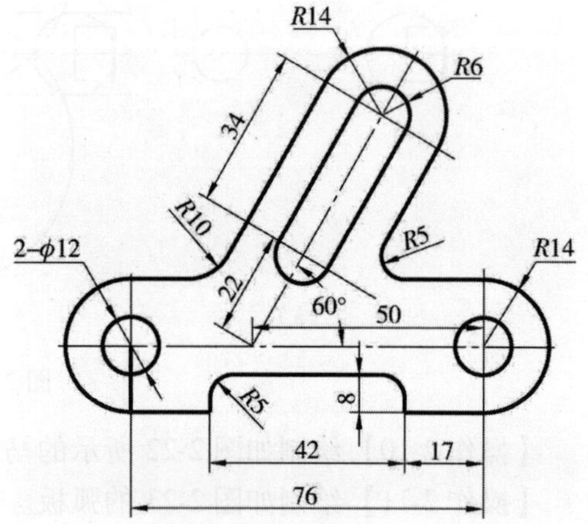

图 2-26　支板

【操作 2-15】绘制如图 2-27 的扳手。

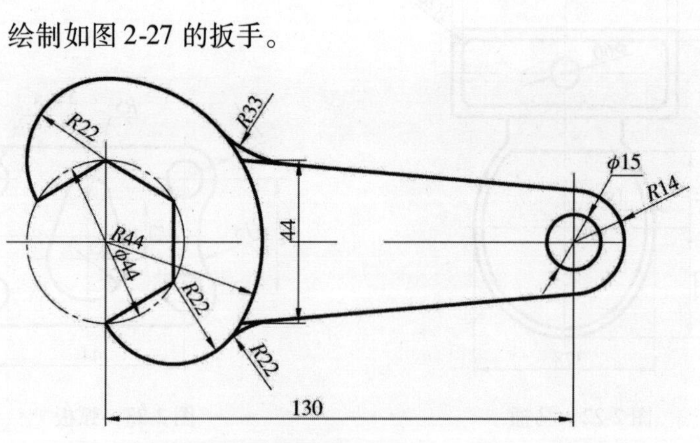

图 2-27　扳手

【操作 2-16】绘制如图 2-28 的拨叉。

【操作 2-17】绘制如图 2-29 的手轮。

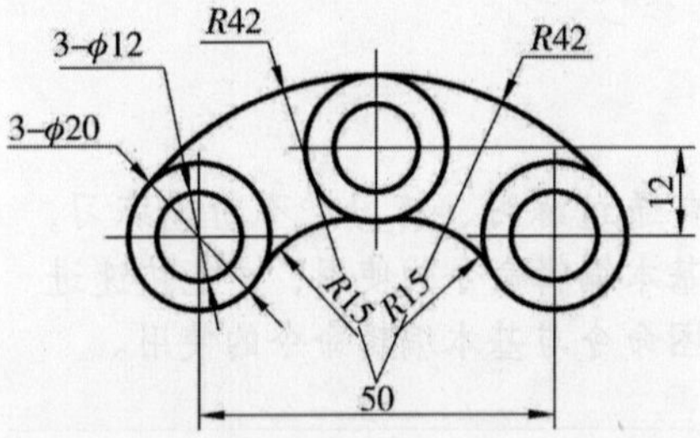

图 2-28　拨叉

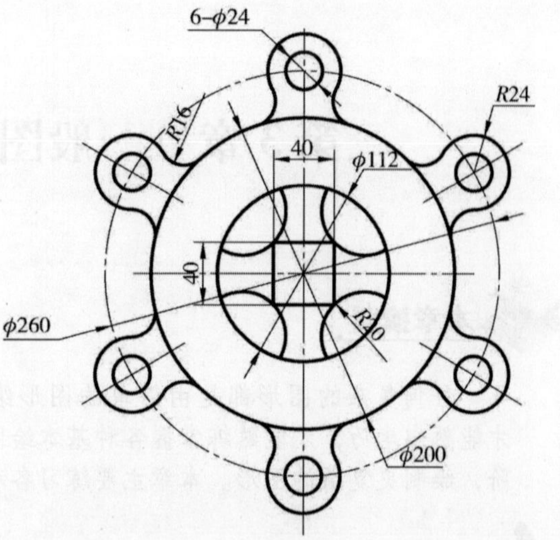

图 2-29　手轮

提示：其操作如下：

- 绘制中间 *R*20 的圆弧时，可通过中间正方形的对角点作辅助线，*R*20 圆弧的圆心就在该辅助线上，并且，*R*20 圆的圆周要通过正方形的顶点。
- *R*16 的圆弧，可以调用“默认”选项卡｜“修改”面板｜“圆角”命令，并选择“半径”选项，设置圆弧的半径为 16，然后倒圆角即可。

【操作 2-18】绘制如图 2-30 的拨叉。

【操作 2-19】绘制如图 2-31 的挂轮架。

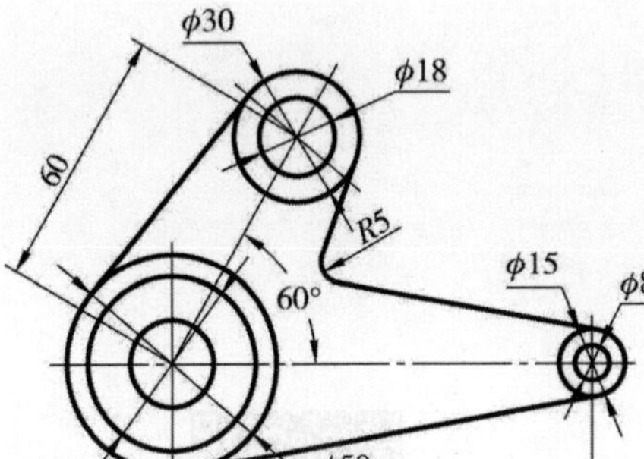

图 2-30　拨叉

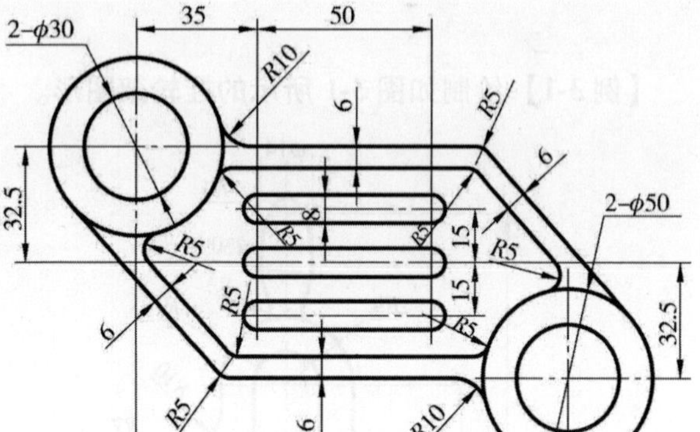

图 2-31　挂轮架

第 3 章　一般图形的绘制与编辑

本章摘要

任何复杂的图形都是由简单的图形组成，只有通过练习、练习、不断地练习，才能熟中生巧，才能熟练掌握各种基本绘图命令和基本编辑命令的使用，才能快速进阶，绘制更复杂的图形。本章主要练习各种基本绘图命令与基本编辑命令的使用。

本章要点

- 掌握“圆”命令中“相切、相切、半径”方式的使用。
- 掌握“圆弧”命令中各选项的使用。
- 掌握“椭圆”“定数等分点”“正多边形”“多线”命令的使用。
- 掌握“打断”命令的使用，特别是精确打断的操作。
- 掌握“复制”“偏移”“缩放”“修剪”“阵列”“倒角”“圆角”“多线编辑”等编辑命令的使用。

3.1　操作例题

【例 3-1】绘制如图 3-1 所示的挂轮架图形。

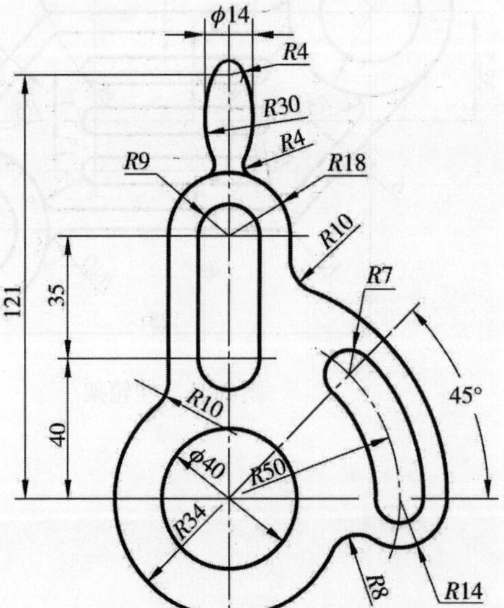

图 3-1　挂轮架

实训视频：
挂轮架的绘制

操作流程：如图 3-2 所示。

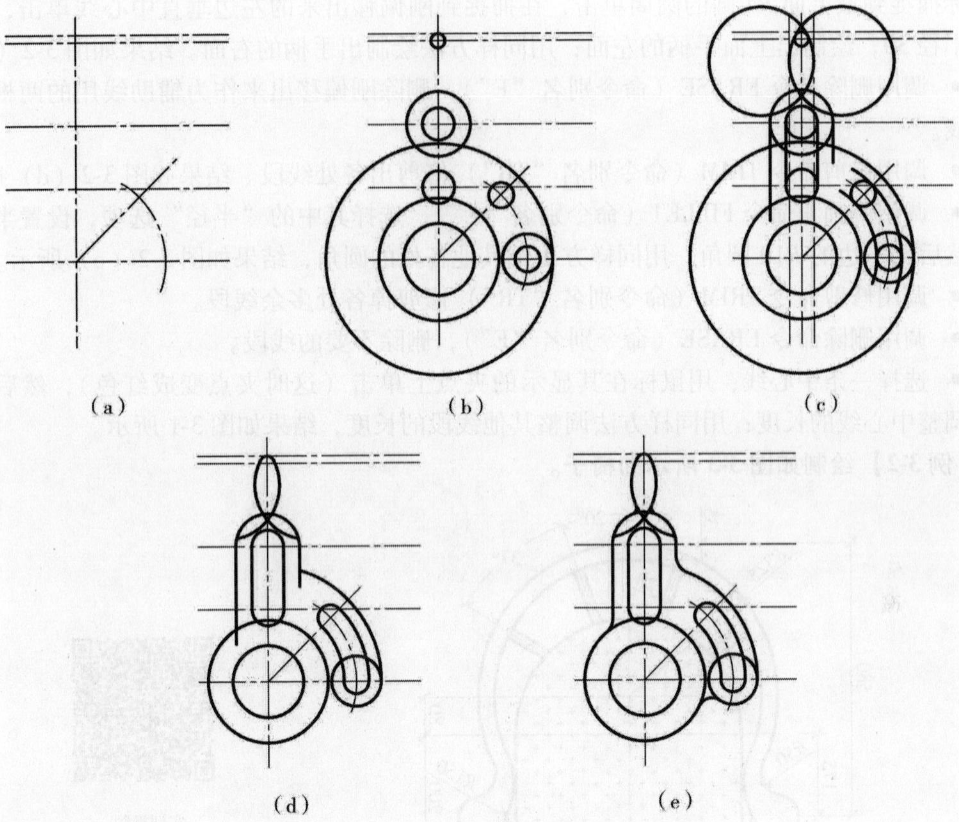

图 3-2　操作流程

操作方法：

● 单击“草图与注释”工作空间｜“视图”选项卡｜“选项板”面板｜“设计中心”按钮，用设计中心将样板文件中已经创建好的“粗实线”、“中心线”等图层插入到当前图形中来，然后将“中心线”图层设置为当前图层。

● 调用直线命令 LINE（命令别名“L”），绘制各水平中心线和垂直中心线。

● 调用偏移命令 OFFSET（命令别名“O”），偏移出各中心线。

● 调用圆弧命令 ARC（命令别名“A”）命令，选择其中的“圆心”选项，然后捕捉到左下圆的圆心为中心，在“指定圆弧起点”的提示下输入“@50 < -20”；在“指定圆弧端点”的提示下，拖动鼠标到上面的合适位置单击，绘制出右边的圆弧中心线，结果如图 3-2（a）所示。

● 将“粗实线”层设置为当前图层，调用圆命令 CIRCLE（命令别名“C”）绘制各圆，结果如图 3-2（b）所示。

● 调用偏移命令 OFFSET（命令别名“O”），并设置偏移距离为 7，将垂直中心线向左右各偏移一根出来；再次调用偏移命令 OFFSET，偏移距离依然为 7，然后将右边的圆弧中心线向内向外各偏移一根出来，并选中偏移出来的圆弧线，选择“默认”选项卡｜“图层”面板下拉列表中的“粗实线”图层，将这两根圆弧中心线的图层修改为“粗实线”图层。

● 调用圆命令 CIRCLE（命令别名“C”），选择其中的“相切、相切、半径”选项，用鼠标捕捉到最上面 *R*4 圆的圆周单击，在捕捉到刚偏移出来的左边垂直中心线单击，然后输入半径 30，绘制出上面手柄的左面；用同样方法绘制出手柄的右面。结果如图 3-2（c）。

● 调用删除命令 ERASE（命令别名“E”），删除刚偏移出来作为辅助线用的两根垂直中心线。

● 调用修剪命令 TRIM（命令别名“TR”）修剪出各处线段。结果如图 3-2（d）所示。

● 调用倒圆角命令 FILLET（命令别名“F”），选择其中的“半径”选项，设置半径为 10，然后倒左边的 *R*10 圆角。用同样方法倒其他各处的圆角，结果如图 3-2（e）所示。

● 调用修剪命令 TRIM（命令别名“TR”）修剪掉各处多余线段。

● 调用删除命令 ERASE（命令别名“E”），删除不要的线段。

● 选择一条中心线，用鼠标在其显示的夹点上单击（这时夹点变成红色），然后拖动鼠标调整中心线的长度；用同样方法调整其他线段的长度，结果如图 3-1 所示。

【例 3-2】绘制如图 3-3 所示的椅子。

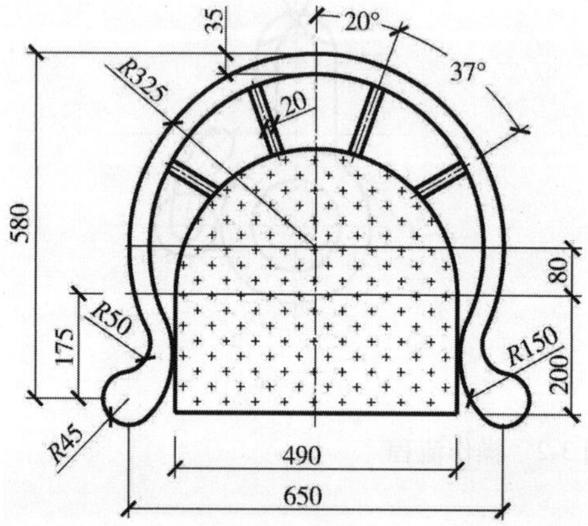

实训视频：
椅子的绘制

图 3-3　椅子

操作流程：如图 3-4 所示。

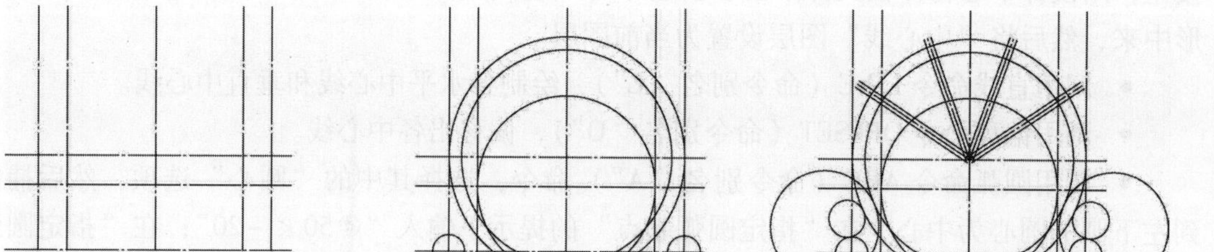

（a）　（b）　（c）

图 3-4　操作流程

操作方法：

● 单击“草图与注释”工作空间｜“视图”选项卡｜“选项板”面板｜“设计中心”按钮，用设计中心将样板文件中已经创建好的“粗实线”、“中心线”、“细实线”等图层插入到当前图形中来，然后将“中心线”图层设置为当前图层。

- 调用直线命令 LINE（命令别名“L”），绘制各水平中心线和垂直中心线。
- 调用偏移命令 OFFSET（命令别名“O”），偏移出各中心线，结果如图 3-4（a）所示。
- 将“粗实线”图层设置为当前图层，调用圆命令 CIRCLE（命令别名“C”）绘制各圆。
- 调用直线命令 LINE（命令别名“L”）绘制各直线，结果如图 2-4（b）所示。
- 调用圆命令 CIRCLE（命令别名“C”），选择其中的“相切、相切、半径”选项，接着用鼠标捕捉到左下 *R*45 圆的圆周单击，再用鼠标捕捉到 *R*325 的圆周单击，然后输入半径 50，绘制出左下 *R*50 的圆；用同样方法绘制出其他圆。
- 将“中心线”层设置为当前图层，调用直线命令 LINE（命令别名“L”），用鼠标捕捉到 *R*325 圆的圆心，在“指定下一点：”的提示下，输入“ <33”然后按 Enter 键，并拖动鼠标在合适位置单击，绘制出靠背支撑的一条中心线；用同样方法绘制出靠背支撑的其他中心线。
- 调用偏移命令 OFFSET（命令别名“O”），并设置距离为 10，将各靠背中心线向左，向右各偏一条出来。然后选择这些偏移出来的线，单击“默认”选项卡｜“图层”面板下拉列表中的“粗实线”，将这些线段的图层修改为“粗实线”图层，结果如图 3-4（c）所示。
- 调用修剪命令 TRIM（命令别名“TR”）修剪各线段。
- 将“细实线”层设置为当前图层。选择“默认”选项卡｜“绘图”面板｜“图案填充”命令，在要填充的区域单击一点后，在“图案填充创建”选项卡｜“图案”面板中选择“CROSS”图案，在“图案填充创建”选项卡｜“特性”面板｜“比例”中设置比例为 4，观察效果，然后按 Enter 键确定。
- 调用删除命令 ERASE，删除多余线段。
- 用夹点方式调整各中心线的长短。最终结果如图 3-3 所示。

技巧

绘图时，如果临时需要绘制一两条倾斜线段，“极轴追踪”方式并不是最快捷的方式。这时，使用“角度覆盖（又叫极轴替代角）”最好，其方法为：首先调用一个绘图命令，如 LINE，当指定了第一点后，在“指定下一点：”的提示下输入“ <角度”，然后按 Enter 键，即可按需要的方向绘制出直线。

3.2　上机操作题

【操作 3-1】绘制如图 3-5 所示的铣刀图形。

提示：绘制该图的关键步骤如下：

- 在绘制 *R*55 圆弧时，首先找到圆弧上的两个点，选择“默认”选项卡｜“修改”面板｜“偏移”命令，并设置偏移距离为 8，然后选择垂直中心线，将其向右偏移 8，偏移出来的线和 $\phi 90$ 圆的交点即为 *R*55 圆弧上的一个点；接着，选择“默认”选项卡｜“绘图”面板｜“定数等分”

上机操作视频：
铣刀的绘制

命令，将 ϕ65 圆进行等分，即可找到 *R*55 圆弧上的另一个点；最后，选择“默认”选项卡｜“绘图”面板｜“圆弧”｜“起点、端点、半径”命令，即可作出 *R*55 圆弧。

- 绘制出一个刀齿后，选择“默认”选项卡｜“修改”面板｜“环形阵列”，即可阵列出其他刀齿。
- 最后选择“默认”选项卡｜“修改”面板｜“修剪”命令，即可修剪出所需图形。

【操作 3-2】绘制如图 3-6 所示的拨叉架。

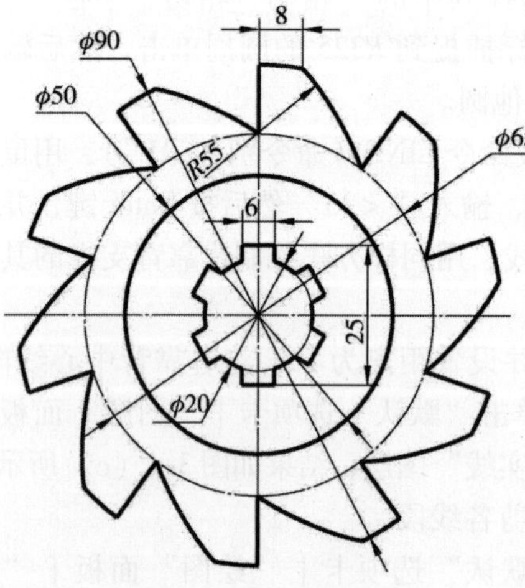

图 3-5　铣刀

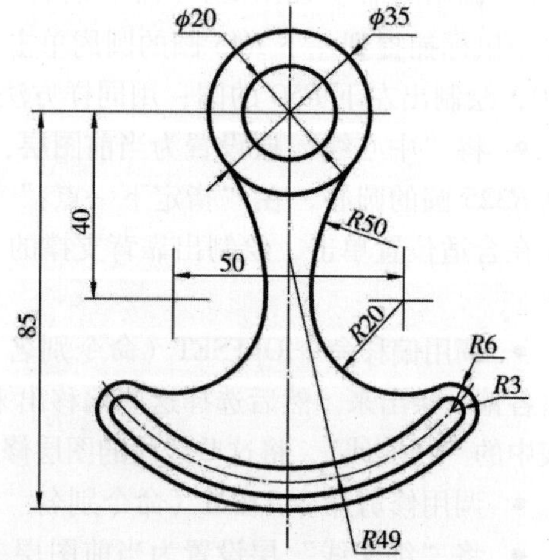

图 3-6　拨叉架

提示：绘制该图的关键步骤如下：

- 绘制 *R*6 的圆弧，可选择“默认”选项卡｜“修改”面板｜“圆角”命令，并设置圆角半径为 6，然后直接倒角作出 *R*6 的圆弧。
- 下面的槽，可以选择用“默认”选项卡｜“修改”面板｜“偏移”命令来绘制最方便。

【操作 3-3】绘制如图 3-7 所示的扇形块。

提示：*R*55，*R*35 可用圆命令 CIRCLE 中的“相切，相切，半径”选项绘制。

【操作 3-4】绘制如图 3-8 所示的摇杆。

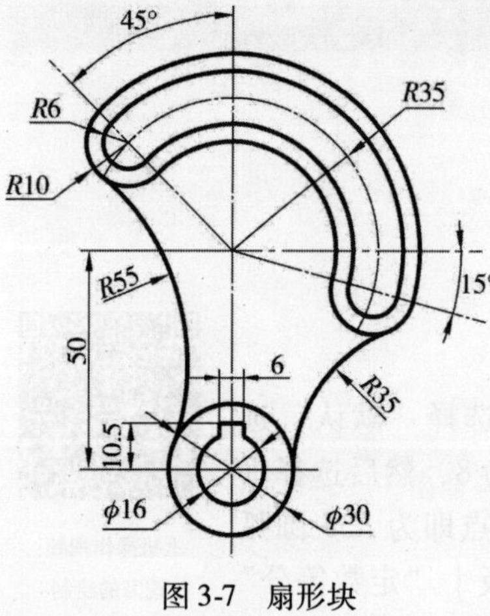

图 3-7　扇形块

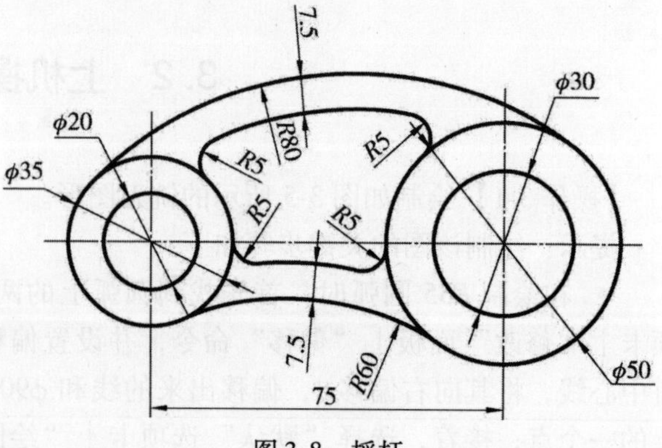

图 3-8　摇杆

提示：*R*5 等圆角，选择用“默认”选项卡｜“修改”面板｜“圆角”命令画最方便。

【操作 3-5】绘制如图 3-9 所示的腰圆。

提示：*R*8 等圆角，选择用“默认”选项卡｜“修改”面板｜“圆角”命令画最方便。

【操作 3-6】绘制如图 3-10 所示的拨轮。

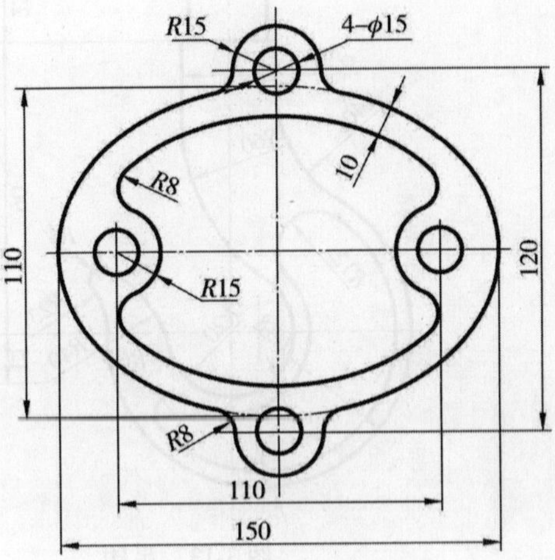

图 3-9　腰圆

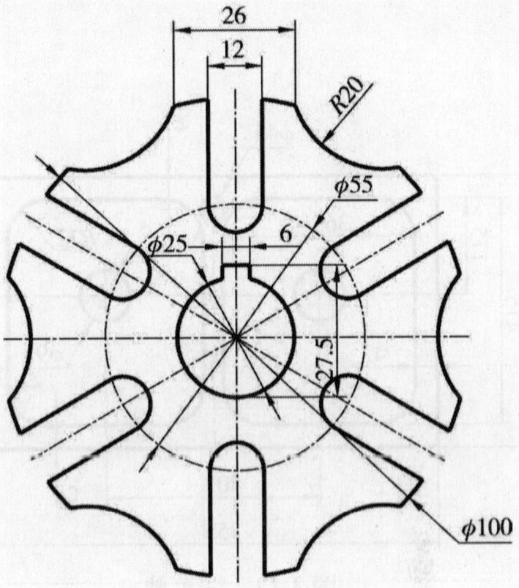

图 3-10　拨轮

提示：

- 作 *R*20 圆弧时，首先找到该圆弧上的两个点，然后选择“默认”选项卡｜“绘图”面板｜“圆弧”｜“起点、端点、半径”命令，即可作出该圆弧。
- 作出一齿后，可选择“默认”选项卡｜“修改”面板｜“阵列”｜“环形阵列”，阵列出其他部分。

【操作 3-7】绘制如图 3-11 所示的弧形块。

提示：

- 绘制中间的小圆弧时，只需找到圆弧上的三个点即可绘制；绘制出一段小圆弧时，用“默认”选项卡｜“修改”面板｜“阵列”｜“环形阵列”命令，即可阵列出另外几个小圆弧。
- *R*35，*R*60 圆弧，可用圆命令 CIRCLE（命令别名“C”）中的“相切，相切，半径”绘制。

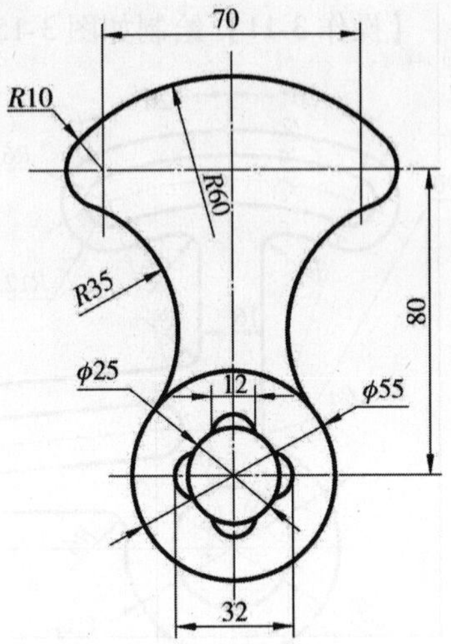

图 3-11　弧形块

【操作 3-8】绘制如图 3-12 所示的洗菜池。

【操作 3-9】绘制如图 3-13 所示的吊钩。

提示：

- 绘制下面圆角部分时，首先绘制圆心和半径都已知的圆 *R*20，*R*48，*R*23，*R*40 等圆。
- 然后用圆命令 CIRCLE 中的“相切，相切，半径”选项，可绘制 *R*40，*R*60 等圆。
- 用偏移命令 OFFSET（命令别名“O”）可绘制出里面的弧形块部分。

- 用倒圆角命令 FILLET（命令别名“F”）可绘制 *R*4，*R*6，*R*12 等圆弧。

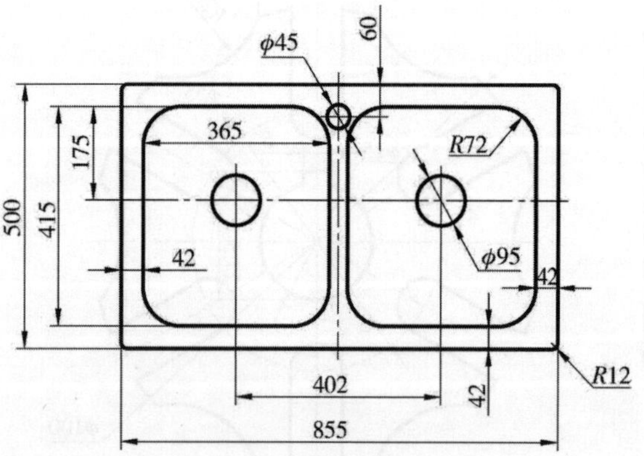

图 3-12　洗菜池

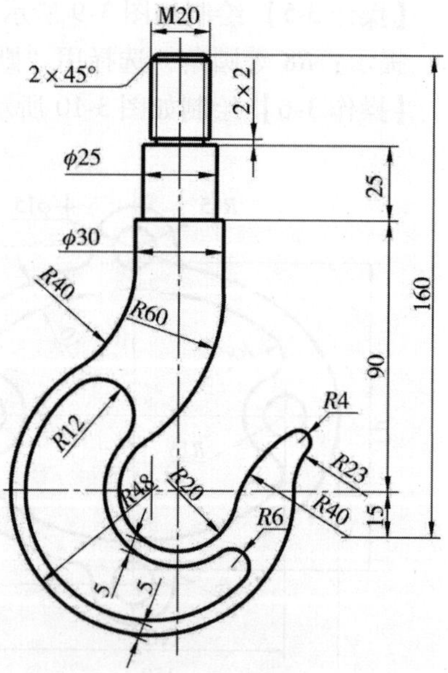

图 3-13　吊钩

【操作 3-10】绘制如图 3-14 所示的挂轮架。

提示：

- 用直线命令 LINE，圆命令 CIRCLE 和偏移命令 OFFSET 作上面和右边的部分。
- 用倒圆角命令 FILLET 绘制 *R*4，*R*5，*R*6 等圆角。

【操作 3-11】绘制如图 3-15 所示的衬垫。

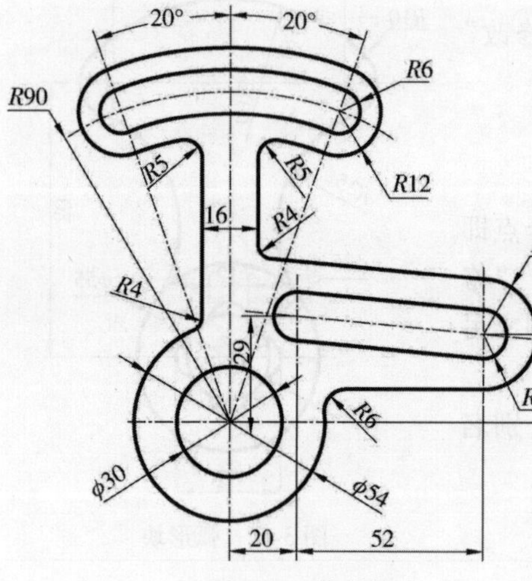

图 3-14　挂轮架

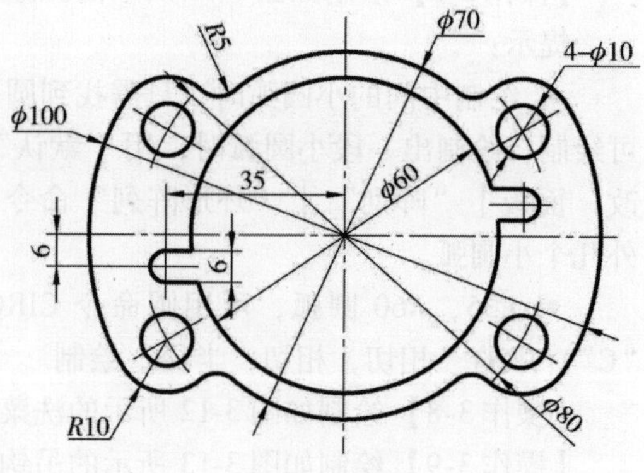

图 3-15　衬垫

【操作 3-12】绘制如图 3-16 所示的挂轮架。

提示：

- 用圆命令 CIRCLE 绘制右下角的 *R*10 圆弧。绘制时，首先用偏移命令 OFFSET（命令别名“O”）将水平中心线向下偏移 15，得到一辅助线；然后以右边大圆的圆心为圆心，用右边大圆的半径 15 加上 *R*10 圆弧的半径 10，共计 25 为半径作一圆，该圆与刚才所绘制的辅助线的交点，即为 *R*10 圆的圆心。

- 调用“默认”选项卡｜“修改”面板｜“圆角”命令，绘制 *R*8 圆弧。
- 用圆命令 CIRCLE（命令别名“C”）中的“相切、相切、半径”选项，可绘制 *R*50 圆弧。

【操作 3-13】绘制如图 3-17 所示的弧形块。

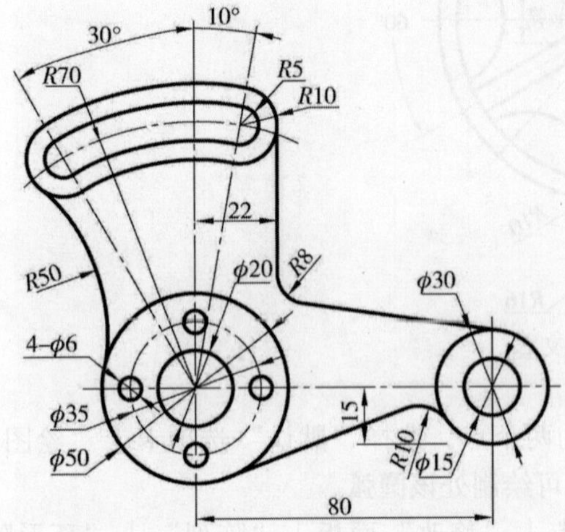

图 3-16　挂轮架

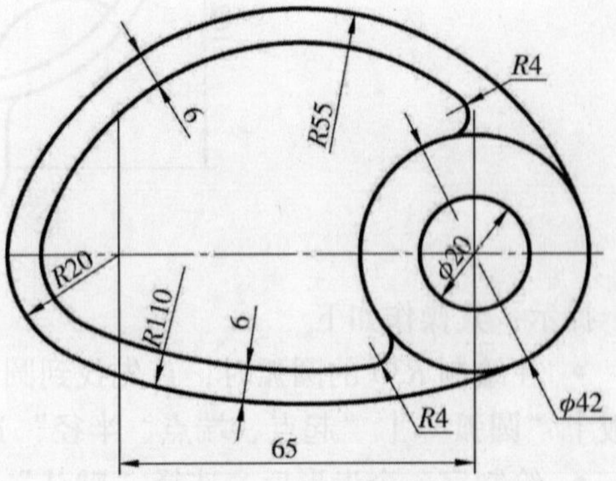

图 3-17　弧形块

提示：

- 首先调用圆命令 CIRCLE（命令别名“C”）绘制 *R*20，ϕ20，ϕ42 的圆。
- 用圆命令中的“相切、相切、半径”选项，绘制 *R*55，*R*110 圆。
- 用修剪命令 TRIM（命令别名“TR”）修剪图形。
- 用偏移命令 OFFSET（命令别名“O”）偏移出内圆弧。
- 用圆命令 CIRCLE（命令别名“C”）中的“相切、相切、半径”选项，可绘制 *R*4 圆弧。

【操作 3-14】绘制如图 3-18 所示的衬垫。

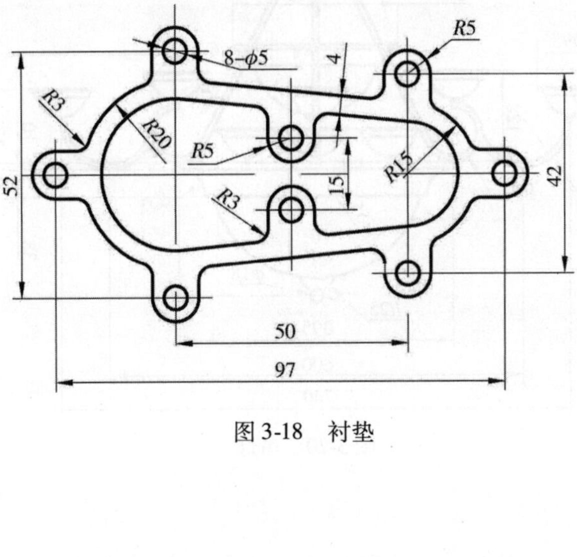

图 3-18　衬垫

【操作 3-15】绘制如图 3-19 的拨叉套。

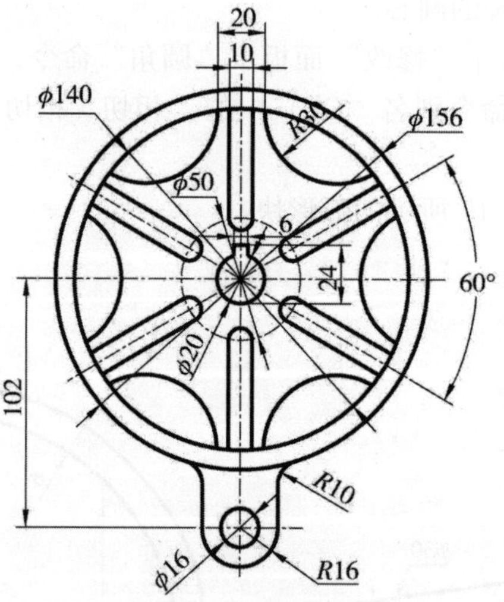

图 3-19　拨叉套

提示：其操作如下

- 在绘制 R30 的圆弧时，首先找到圆弧上的两个点，选择“默认”选项卡｜“绘图”面板｜“圆弧”｜“起点、端点、半径”选项即可绘制处该圆弧。
- 绘制完一个齿形后，选择“默认”选项卡｜“修改”面板｜“阵列”｜“环形阵列”命令，即可阵列出其他齿形。

【操作 3-16】绘制如图 3-20 所示的吊灯。

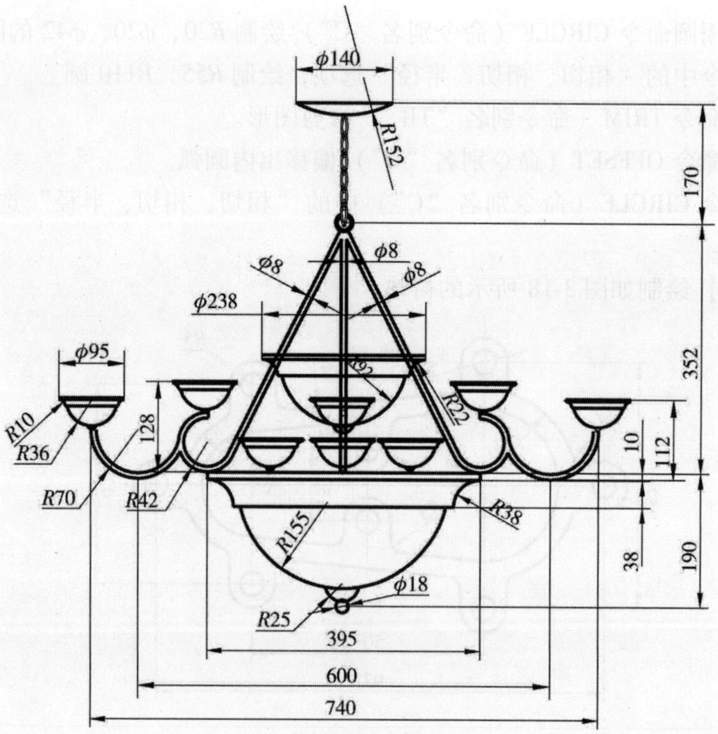

图 3-20　吊灯

【操作 3-17】绘制如图 3-21 所示的房屋平面图。

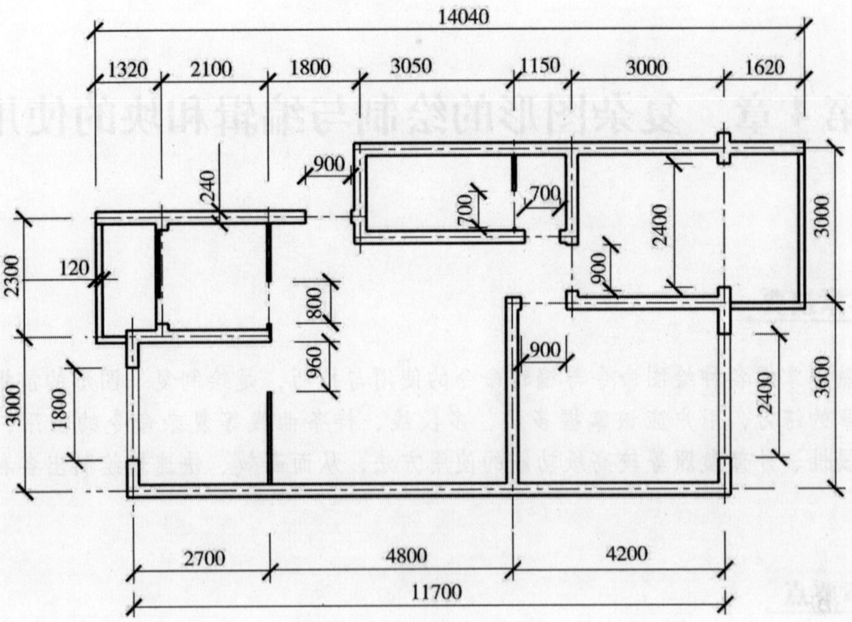

图 3-21　房屋平面图

提示：绘制该图的关键操作步骤如下：

- 选择“格式”菜单｜“多线样式”命令，打开“多线样式”对话框，选择其中的默认样式 STANDARD，并单击“修改”按钮，打开“修改多线样式”对话框，在该对话框的“封口”组件中选中直线的“起点”、“端点”封口，然后依次单击“确定”按钮。
- 调用直线命令 LINE（命令别名“L”），偏移命令 OFFSET（命令别名“O”）绘制轴线。
- 调用“默认”选项卡｜“修改”面板｜“打断”命令，并结合对象捕捉，在轴线上打断出各处门的缺口。
- 调用多线命令 MLINE（命令别名“ML”），选择“对正”选项，设置对正方式为“无”方式；选择“比例”选项，设置比例为 240，然后用该命令绘制出墙线。
- 选择“修改”菜单｜“对象”｜“多线”命令，对各处的墙线接头进行编辑。

第 4 章　复杂图形的绘制与编辑和块的使用

本章摘要

熟练掌握各种绘图命令与编辑命令的使用与技巧，是绘制复杂图形的前提。通过本章的练习，用户应该掌握多线、多段线、样条曲线等复杂命令的使用，以及块，属性、外部参照等较高级功能的使用方法，从而高效、快速地绘制出各种复杂图形。

本章要点

- 熟练掌握圆、多段线、椭圆、圆弧、多线、样条曲线等命令的使用。
- 掌握镜像、移动、修剪、复制、编辑多段线、倒圆角等编辑命令的使用。
- 掌握夹点编辑的操作和使用。
- 熟练掌握块、属性、外部参照的使用。

4.1　操作例题

【例 4-1】绘制如图 4-1 所示的围墙。

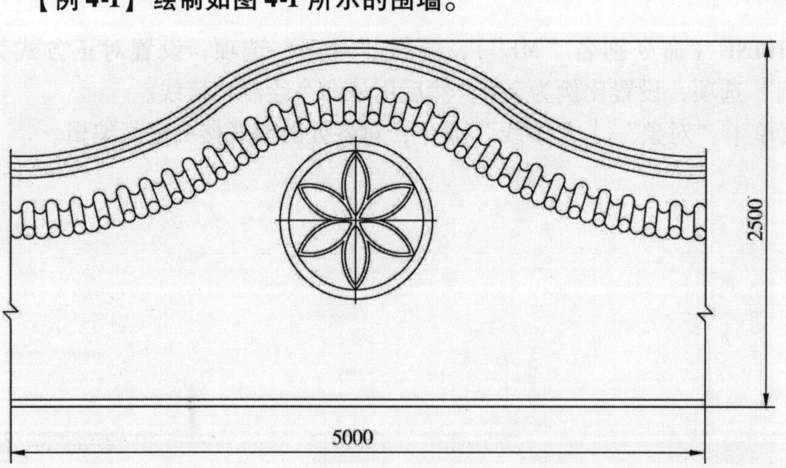

实训视频：
围墙的绘制

图 4-1　围墙

操作流程：如图 4-2 所示。

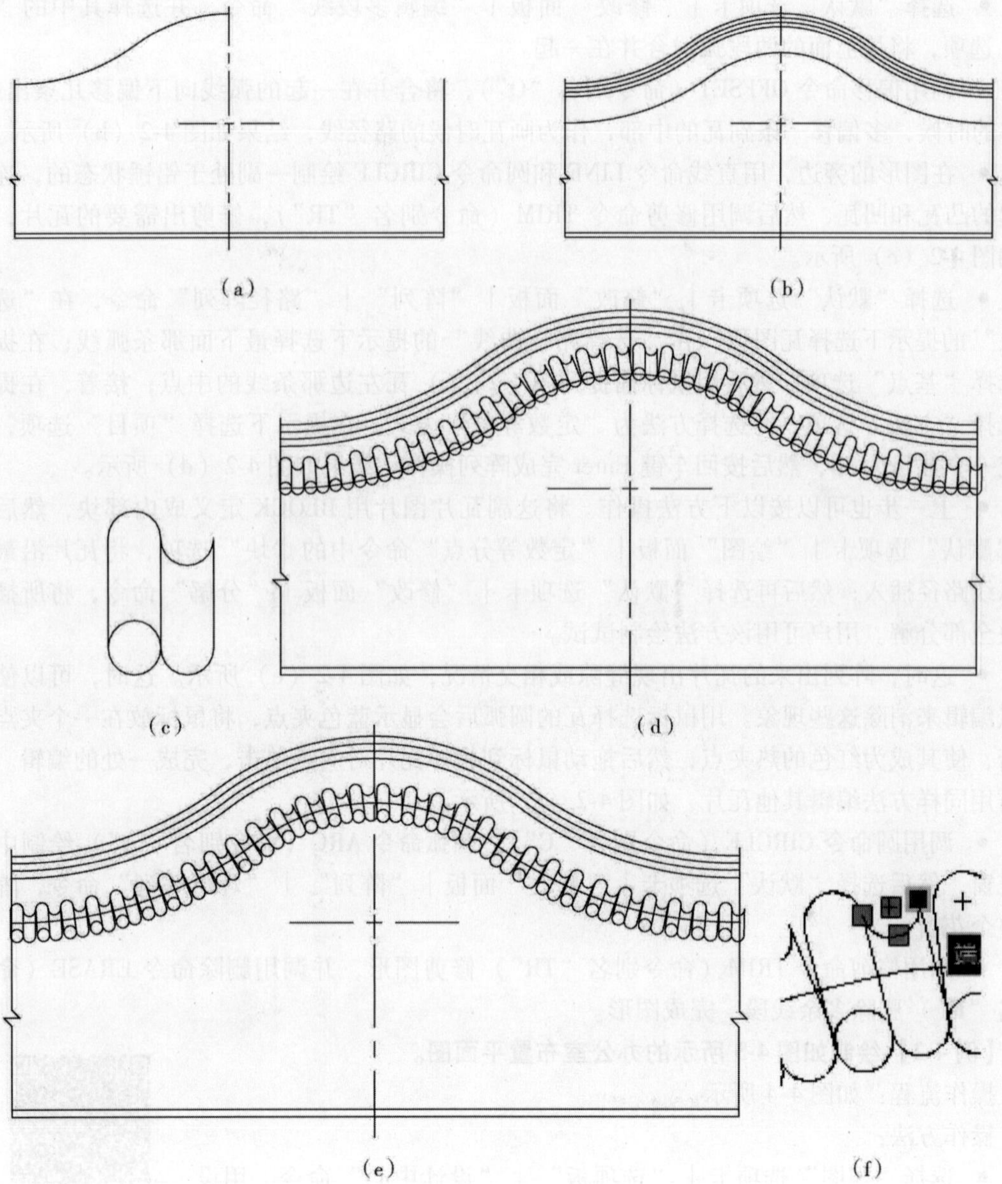

图 4-2　操作流程

操作方法：

● 选择“视图”选项卡｜“选项板”｜“设计中心”命令，用设计中心将样板文件中创建需要的图层插入到当前图形中，然后将“中心线”图层设置为当前图层，调用直线命令 LINE 绘制中心线。

● 将“细实线”图层设置为当前图层，调用直线命令 LINE 绘制两边的折断线。

● 将“粗实线”图层设置为当前图层。调用多段线命令 PLINE，在指定第一点后，选择“圆弧”选项，绘制最上面一段弧线的左段或者是右段，结果如图 4-2（a）所示。

● 选择“默认”选项卡｜“修改”面板｜“镜像”命令，将刚绘制的弧线镜像出另外一半。

● 选择“默认”选项卡｜“修改”面板｜“编辑多段线”命令，并选择其中的“合并”选项，将最上面的两段弧线合并在一起。

● 调用偏移命令OFFSET（命令别名“O”），将合并在一起的弧线向下偏移几条出来，偏移的时候，多偏移一条到瓦的中部，作为画瓦时候的路径线，结果如图4-2（b）所示。

● 在图形的旁边，用直线命令LINE和圆命令CIRCLE绘制一副处于铅锤状态的，连在一起的凸瓦和凹瓦，然后调用修剪命令TRIM（命令别名“TR”），修剪出需要的瓦片，结果如图4-2（c）所示。

● 选择“默认”选项卡｜“修改”面板｜“阵列”｜“路径阵列”命令，在“选择对象”的提示下选择瓦图形；在“选择路径曲线”的提示下选择最下面那条弧线；在提示下选择“基点”选项，然后用鼠标捕捉到图4-2（c）瓦左边那条线的中点；接着，在提示下选择“方法”选项，并选择方法为“定数等分”方式；在提示下选择“项目”选项，并指定一个数目为30，然后按回车键Enter完成阵列操作。结果如图4-2（d）所示。

● 上一步也可以按以下方法操作。将这副瓦片图片用BLOCK定义成内部块，然后选择“默认”选项卡｜“绘图”面板｜“定数等分点”命令中的“块”选项，将瓦片沿最下面弧线路径插入；然后再选择“默认”选项卡｜“修改”面板｜“分解”命令，将所插入的块全部分解。用户可用该方法绘制试试。

● 这时，阵列出来的瓦片出现缝隙或相交情况，如图4-2（e）所示。这时，可以使用夹点编辑来消除这些现象。用鼠标选择瓦的圆弧后会显示蓝色夹点，将鼠标放在一个夹点上单击，使其成为红色的热夹点，然后拖动鼠标到相邻瓦片对应点单击，完成一处的编辑。用户可用同样方法编辑其他瓦片，如图4-2（f）所示。

● 调用圆命令CIRCLE（命令别名“C”），圆弧命令ARC（命令别名“A”）绘制中间的花窗，然后选择“默认”选项卡｜“修改”面板｜“阵列”｜“环形阵列”命令，阵列出整个花窗。

● 调用修剪命令TRIM（命令别名“TR”）修剪图形，并调用删除命令ERASE（命令别名“E”）删除多余线段，完成图形。

【例4-2】绘制如图4-3所示的办公室布置平面图。

操作流程：如图4-4所示。

操作方法：

知识点视频：“块”的定义与使用

● 选择“视图”选项卡｜“选项板”｜“设计中心”命令，用设计中心将样板文件中创建的所需要的图层插入到当前图形中来。将“墙线”图层设置为当前图层。可调用直线命令LINE绘制墙线等，也可以用多线命令MLINE（命令别名“ML”）绘制墙线。

● 将“填充”图层设置为当前图层。选择“默认”选项卡｜“绘图”面板｜“图案填充”命令，在上面的“图案填充创建”选项卡｜“图案”面板中选择“SOLID”图案，然后用鼠标在柱子内单击，看看效果，如果满意，则按回车键Enter键完成填充。结果如图4-4（a）。

实训视频：办公室平面布置图的绘制

● 将“窗”图层设置为当前层，用直线命令LINE（命令别名“L”）绘制窗口；将“家具”图层设置为当前层，用直线命令LINE绘制右边的柜子；将“门”图层设置为当前图层，调用直线命令LINE、圆

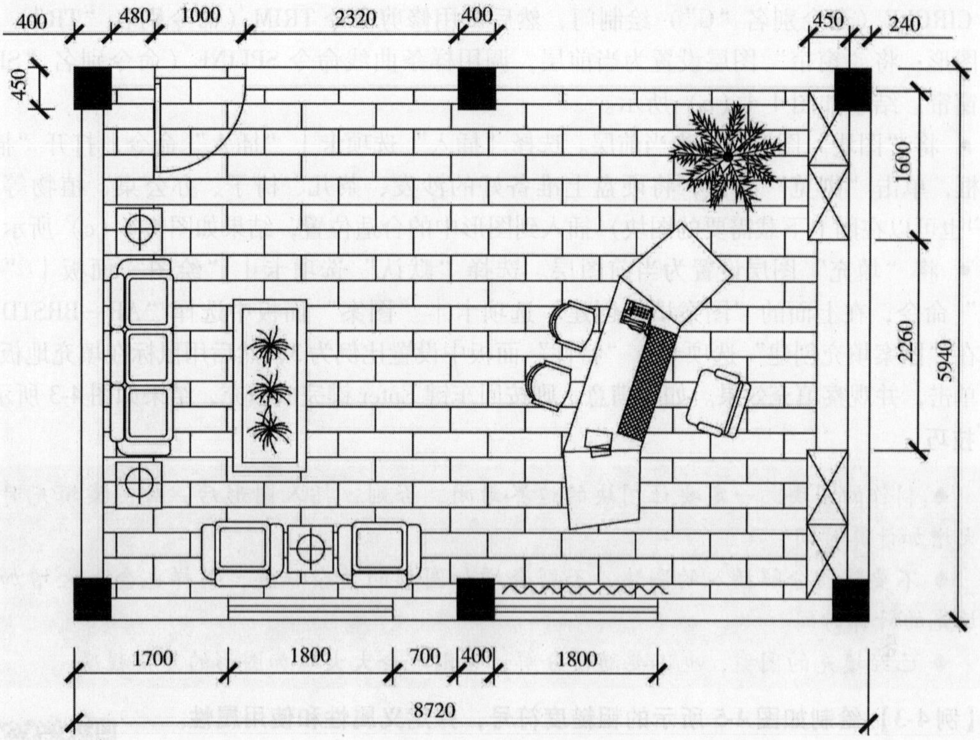

图 4-3　办公室平面布置图

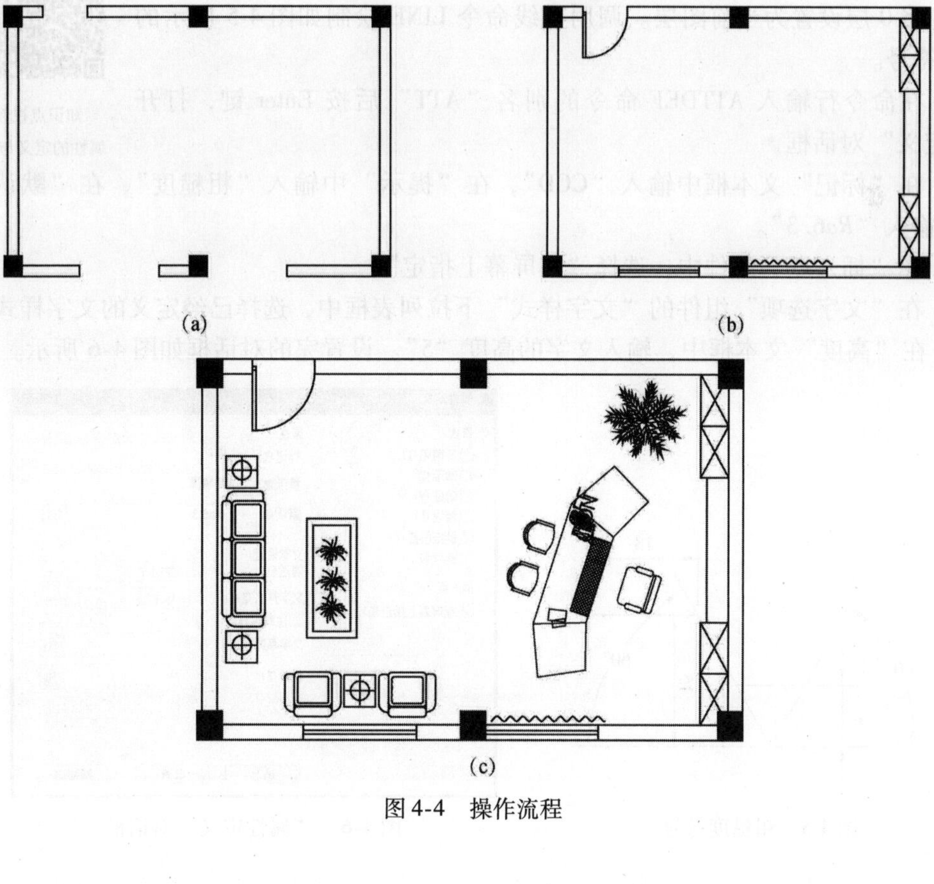

图 4-4　操作流程

命令 CIRCLE（命令别名“C”）绘制门，然后调用修剪命令 TRIM（命令别名“TR”）修剪出门图形；将“窗帘”图层设置为当前层，调用样条曲线命令 SPLINE（命令别名“SPL”）绘制窗帘。结果如图 4-4（b）所示。

- 将“图块”图层设置为当前层。选择“插入”选项卡｜“插入”命令，打开“插入”对话框，单击“浏览”按钮，将硬盘上准备好的沙发、茶几、椅子、办公桌、植物等图块（用户也可以在网上下载需要的图块）插入到图形中的合适位置，结果如图 4-4（c）所示。
- 将“填充”图层设置为当前图层。选择“默认”选项卡｜“绘图”面板｜“图案填充”命令，在上面的“图案填充创建”选项卡｜“图案”面板中选择“AR—BRSTD”图案；在“图案填充创建”选项卡｜“特性”面板中设置比例为 3，然后用鼠标在填充地板的区域内单击，并观察填充效果。如果满意，则按回车键 Enter 键完成填充，结果如图 4-3 所示。

技巧

◆ 制作的图块，一定要让图块的边界封闭，否则，插入图形后，对图案填充时会大大增加计算时间。

◆ 不要随便分解插入的图块，否则会增加图形的复杂程度，同样也会大大增加图案填充的计算时间。

◆ 已经填充的图案，也不要随便分解，否则也会大大增加图形的复杂程度。

【例 4-3】绘制如图 4-5 所示的粗糙度符号，并定义属性和使用属性。

操作方法：

- 将 0 层设置为当前图层。调用直线命令 LINE 绘制如图 4-5 所示的粗糙度符号。
- 在命令行输入 ATTDEF 命令的别名“ATT”后按 Enter 键，打开“属性定义”对话框。

知识点视频：属性的定义与使用

- 在“标记”文本框中输入“CCD”，在“提示”中输入“粗糙度”，在“默认”文本框中输入“*Ra*6. 3”。
- 在“插入点”组件中，选择“在屏幕上指定”。
- 在“文字选项”组件的“文字样式”下拉列表框中，选择已经定义的文字样式“标注 2”；在“高度”文本框中，输入文字的高度“5”。设置完的对话框如图 4-6 所示。

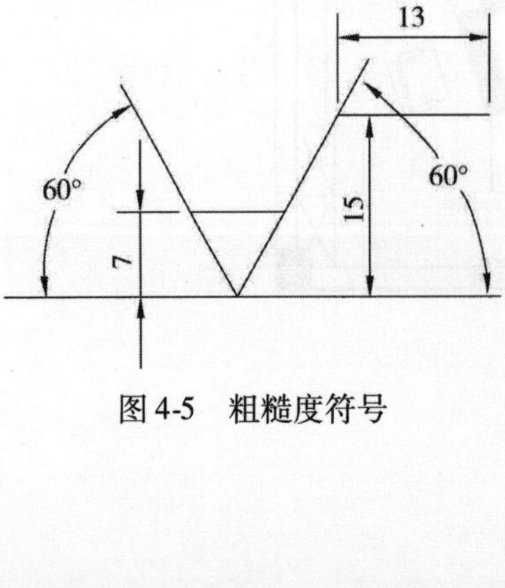

图 4-5　粗糙度符号

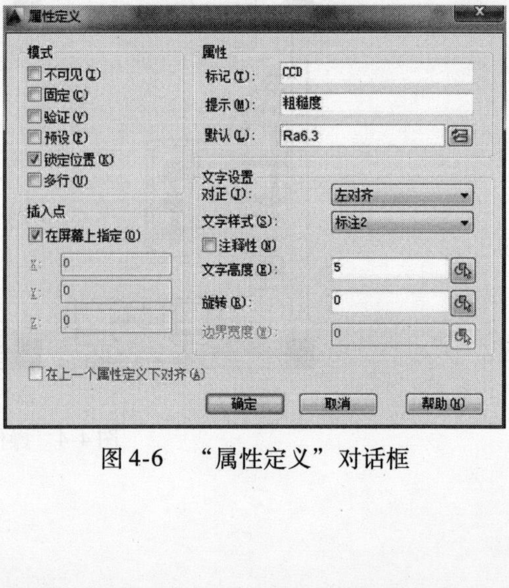

图 4-6　“属性定义”对话框

- 单击“确定”按钮，在绘图区中用鼠标指定属性的插入位置，并结束命令。插入属性后的图如 4-7（a）所示。
- 在命令行输入内部块命令的命令别名“B”后按 Enter 键，打开“块定义”对话框。
- 在“名称”中输入块的名称“粗糙度”。
- 在“基点”组件中，单击“拾取点”按钮并返回到绘图区，用鼠标捕捉到粗糙度符号的下面尖角点。
- 在“对象”组件中，单击“选择对象”按钮并返回绘图区，用鼠标将粗糙度符号和属性一起选择进去，按 Enter 键返回该对话框。单击“确定”按钮即可。创建块完成后的图形如图 4-7（b）所示。
- 在命令行中输入插入块命令 INSERT 的命令别名“I”后按 Enter 键，打开“插入”对话框。
- 在该对话框中，选择“名称”下拉列表中的“粗糙度”块。其余选项使用默认值，并单击“确定”按钮，在“指定插入点……:”的提示下，用鼠标在绘图区指定一点；在“输入属性值:”的提示下，输入新的属性值 *Ra*1.6，并按回车键 Enter，插入一个粗糙度符号。
- 用同样方法，插入属性值为 *Ra*3.2、*Rz*12.5 的符号，结果如图 4-7（c）所示。

（a）定义属性后　　（b）附着于块　　（c）插入带属性的块

图 4-7　定义属性与使用属性

技巧

> 将 0 层设置为当前图层（0 层的线型、线宽、颜色等属性使用随层 ByLayer），绘制块的原图形，定义成块后，插入到图形中，当前层是什么图层，插入的块自动继承当前层的特性（线型、线宽、颜色等属性）。

4.2　上机操作题

【操作 4-1】绘制如图 4-8 所示的椭圆齿轮。

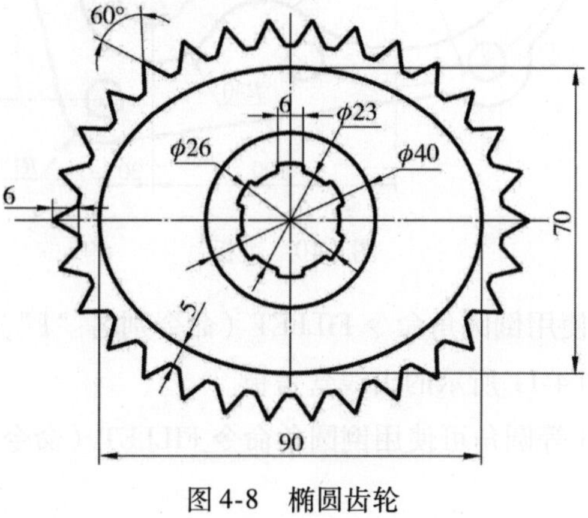

图 4-8　椭圆齿轮

【操作 4-2】绘制如图 4-9 所示的孔板。

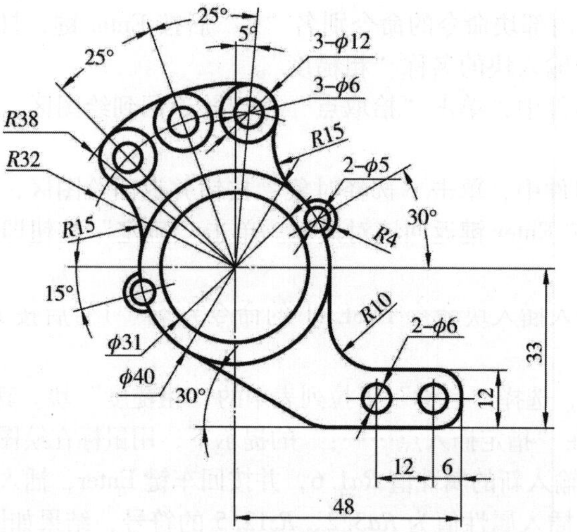

图 4-9　孔板

提示：绘制左下倾斜 30°的直线时，可首先通过大圆的圆心绘制一条 30°的直线，然后再用偏移命令 OFFSET（命令别名“O”）将其向左下偏移一个大圆的半径得到。

【操作 4-3】绘制如图 4-10 所示的盖板。

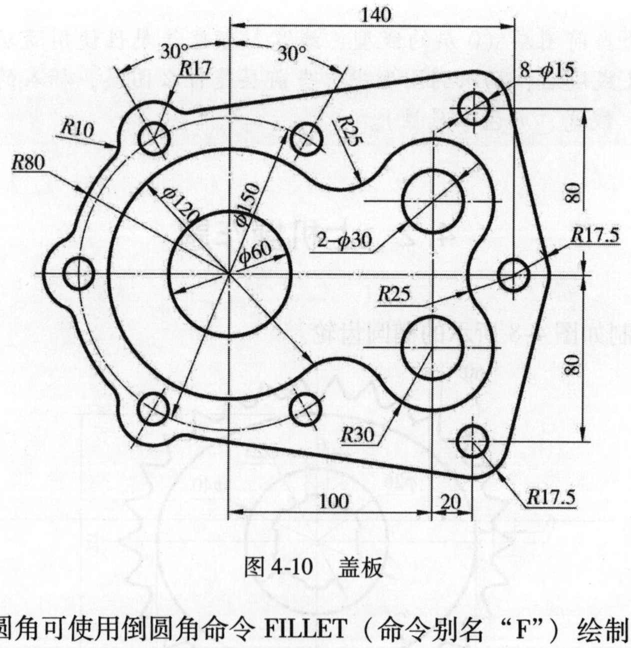

图 4-10　盖板

提示：R10 等圆角可使用倒圆角命令 FILLET（命令别名“F”）绘制。

【操作 4-4】绘制如图 4-11 所示的出线盒盖板。

提示：*R*5，*R*2. 5，*R*3 等圆角可使用倒圆角命令 FILLET（命令别名“F”）绘制。

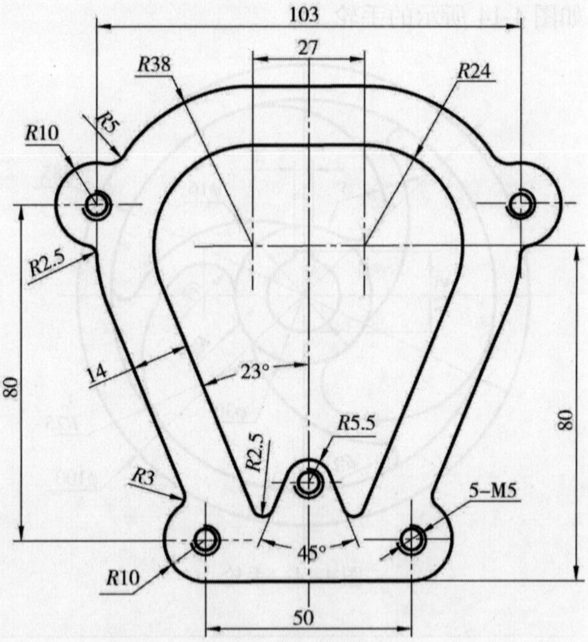

图 4-11　出线盒盖板

【操作 4-5】绘制如图 4-12 所示的支架板。

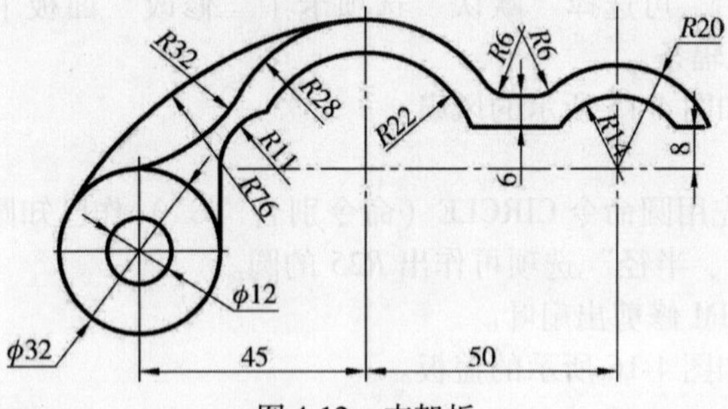

图 4-12　支架板

【操作 4-6】绘制如图 4-13 所示的腰圆板。

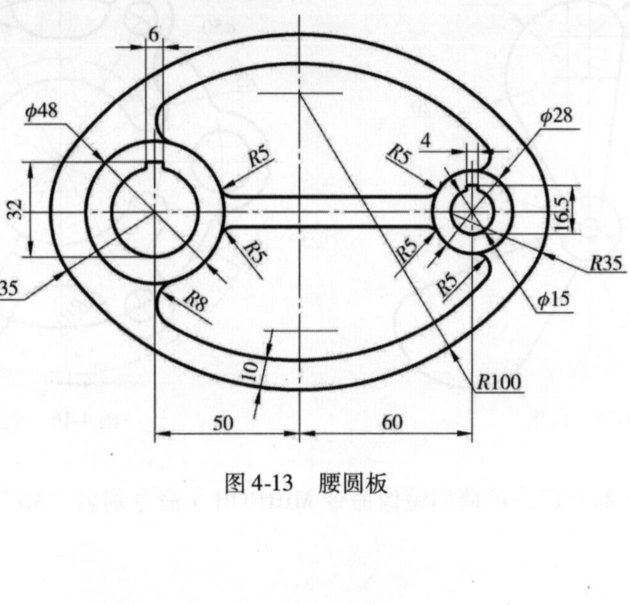

图 4-13　腰圆板

【操作 4-7】绘制如图 4-14 所示的手轮。

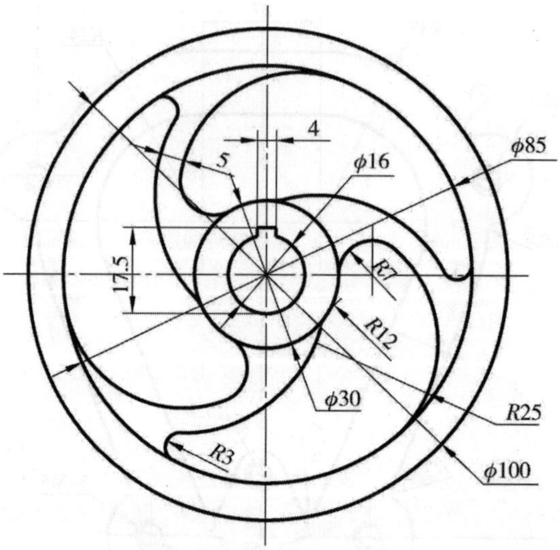

图 4-14　手轮

提示:

- 作辐条时，首先作出中间 $\phi30$ 的圆，然后作出 $R7$ 的圆，最后即可用圆命令 CIRCLE（命令别名“C”）中“相切、相切、半径”选项作出 $R25$ 的圆。
- 完成一根辐条后，可选择“默认”选项卡｜“修改”面板｜“阵列”｜“环形阵列”命令，阵列出其他辐条。

【操作 4-8】绘制如图 4-15 所示的风扇。

提示:

- 作扇叶时，首先用圆命令 CIRCLE（命令别名“C”）作已知圆弧 $R11$，$R20$，然后用命令中的“相切、相切、半径”选项可作出 $R25$ 的圆。
- 用修剪命令 TRIM 修剪出扇叶。

【操作 4-9】绘制如图 4-16 所示的盖板。

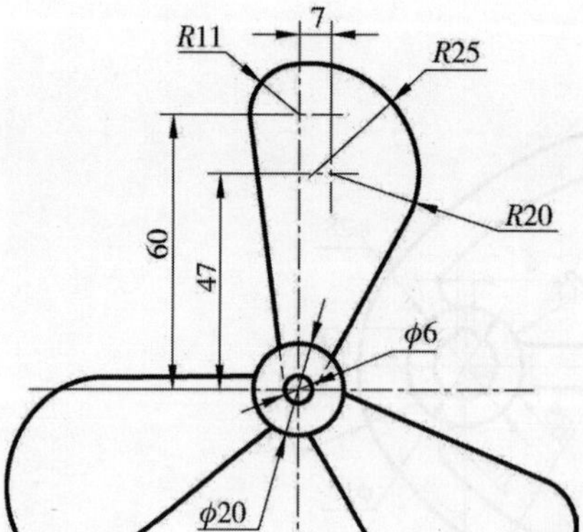

图 4-15　风扇

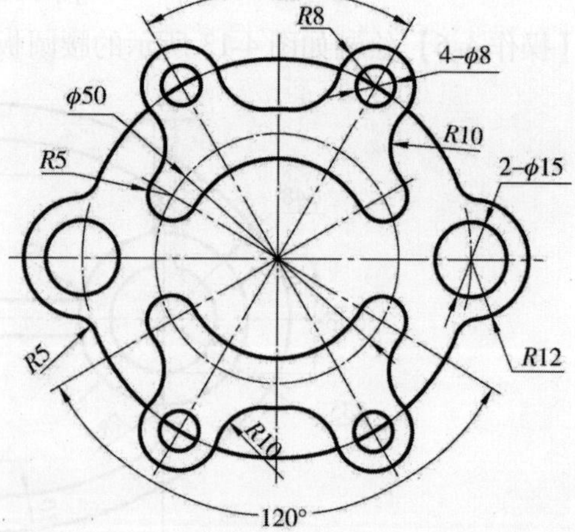

图 4-16　盖板

提示:

- 绘制完上半部分后，可调用镜像命令 MIRROR（命令别名“MI”）镜像出下面部分。

- *R*5，*R*10 等圆弧可使用倒圆角命令 FILLET（命令别名“F”）绘制。

【操作 4-10】绘制如图 4-17 所示的内波形轮。

- 首先用圆命令 CIRCLE（命令别名“C”）和椭圆命令 ELLIPSE（命令别名“EL”）作出圆和椭圆。
- 选择“默认”选项卡｜“修改”面板｜“阵列”｜“环形阵列”命令，阵列出其他圆和椭圆。
- 用倒圆角命令 FILLET（命令别名“F”）倒 *R*5，*R*8 等圆角。
- 然后用修剪命令 TRIM（命令别名“TR”）修剪出对象。

【操作 4-11】绘制如图 4-18 所示的拨叉套。

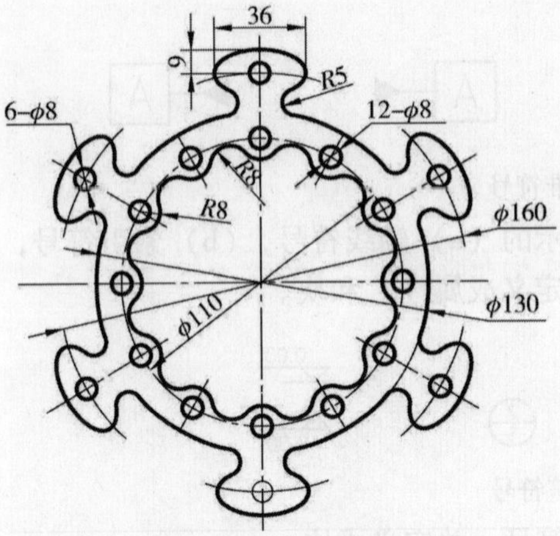

图 4-17　内波形轮

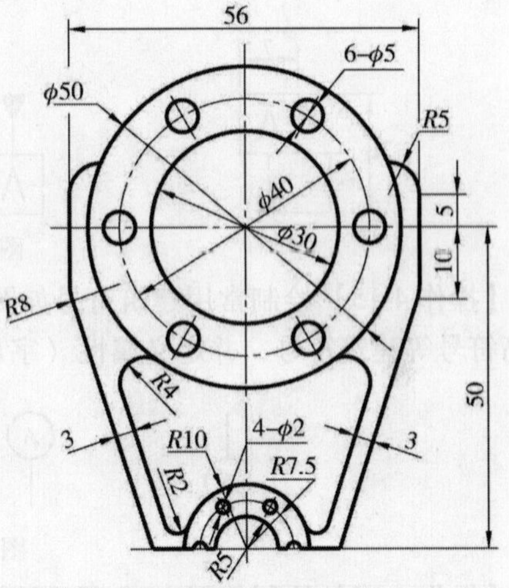

图 4-18　拨叉套

提示：用偏移命令 OFFSET（命令别名“O”）和倒圆角命令 FILLET（命令别名“F”）可绘制出下面中间的内部图形。

【操作 4-12】绘制如图 4-19 所示的指形板。

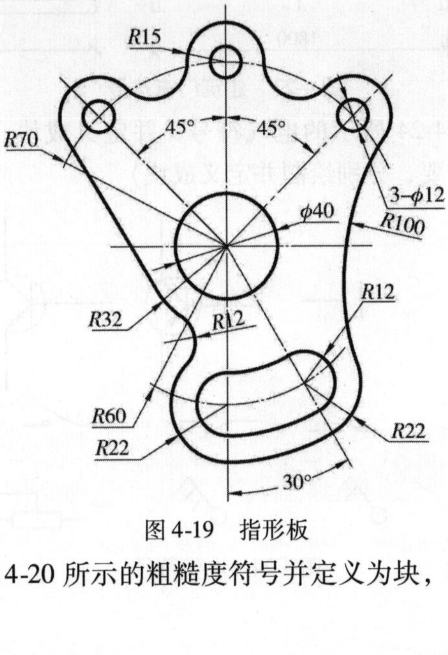

图 4-19　指形板

【操作 4-13】绘制如图 4-20 所示的粗糙度符号并定义为块，有字母的地方定义为属性。

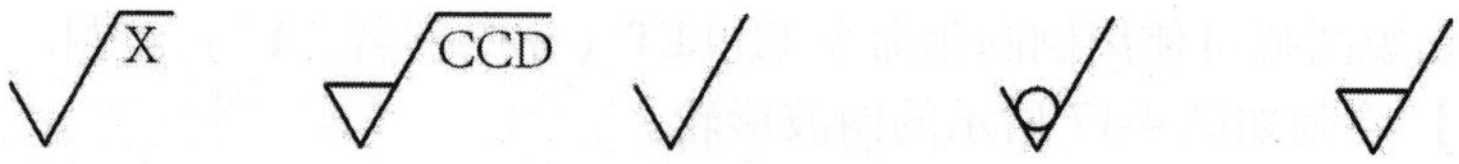

图 4-20 粗糙度符号

技巧

用户应该将自己经常用到的符号，绘制在样板图里面，并定义成块，或者带属性的块，建立自己的符号库，以后就可以利用“设计中心”或者“工具选项板”方便地插入到其他图形。

【操作 4-14】绘制如图 4-21 所示的基准符号，并定义属性（字母 A 定义成属性）和块。

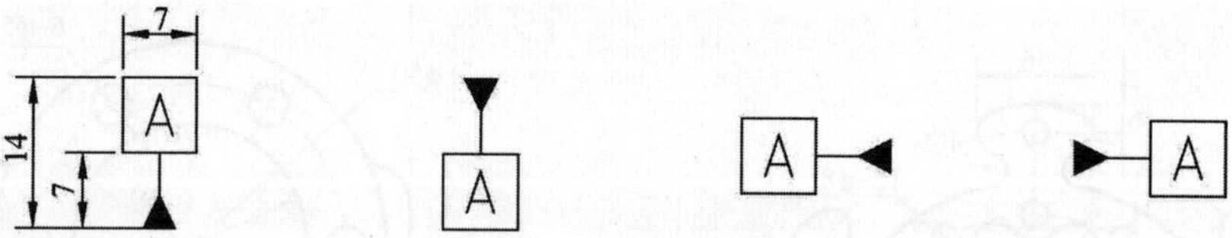

图 4-21 基准符号

【操作 4-15】绘制常用建筑符号如图 4-22 所示的（a）轴线符号，（b）索引符号，（c）标高符号等建筑符号，并定义属性（字母和数字定义成属性）和块。

图 4-22 建筑符号

【操作 4-16】绘制如图 4-23 所示的建筑门窗符号，并定义成块。

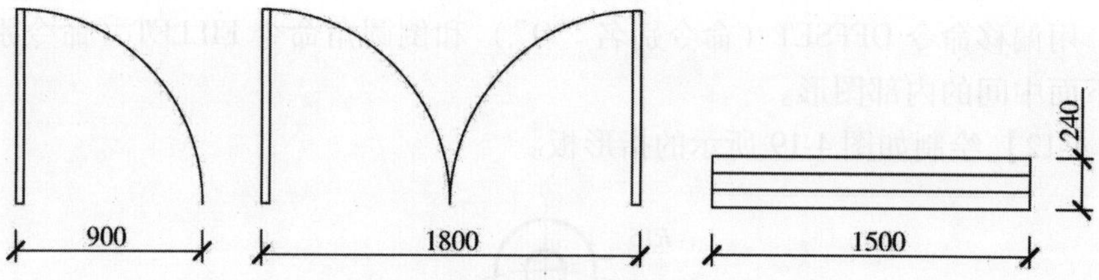

图 4-23 建筑门窗符号

【操作 4-17】绘制如图 4-24 所示的电气符号，并定义成块。（电子，电气符号还有很多，用户应该根据自己的需要，分别绘制并定义成块）

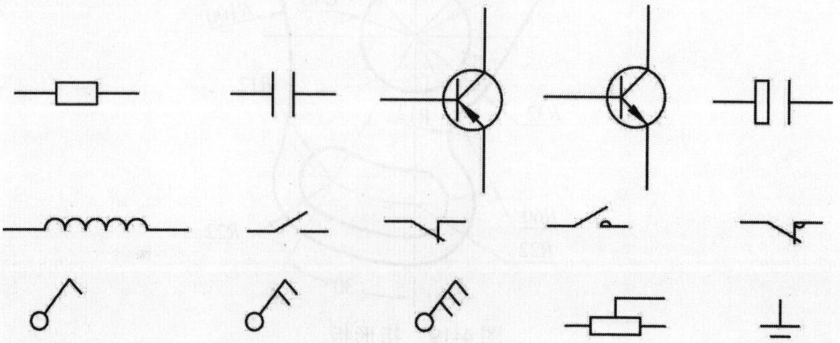

图 4-24 电气符号

【操作 4-18】对【例 1-5】标题栏表格中有斜线的格子定义属性，然后将该标题栏定义成块，如图 4-25 所示。

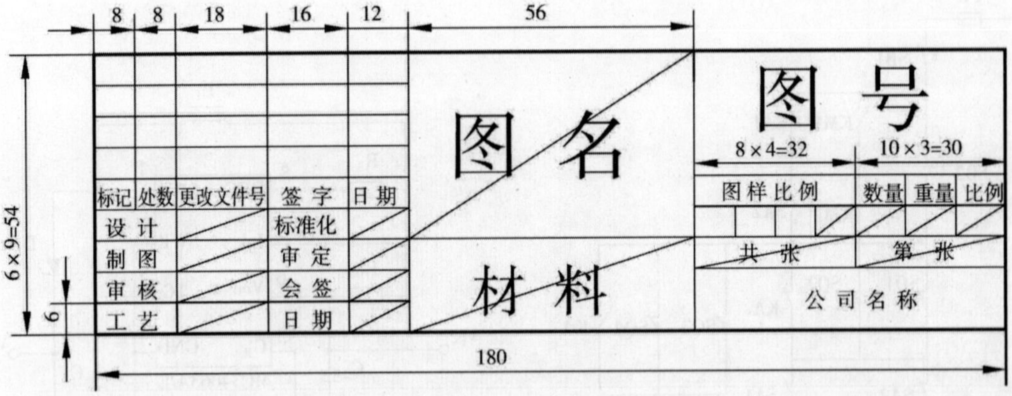

图 4-25　标题栏表格

【操作 4-19】绘制如图 4-26 所示的电路图。

提示：用户应该将自己常用电气元件的图形定义成块，这样，绘图时可直接插入。

【操作 4-20】绘制如图 4-27 所示的电气控制图。

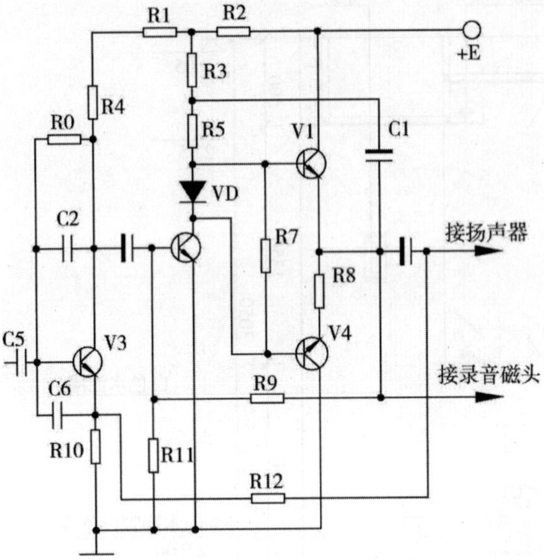

图 4-26　电路图

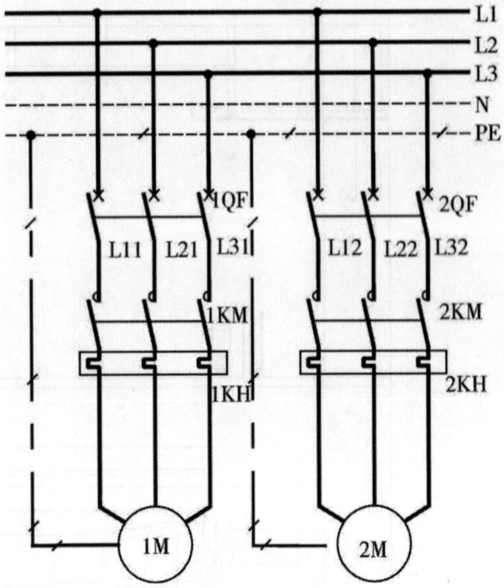

图 4-27　电气控制图

【操作 4-21】绘制如图 4-28 所示的电气控制图。

【操作 4-22】绘制如图 4-29 所示的电路图。

【操作 4-23】绘制如图 4-30 所示的主卧立面图。

提示：用户平时可以画些床、灯具、柜子、书、装饰……等，并把它们定义为块，绘图的时候就可以直接插入到图形。用户也可以到网上去下载类似的图块，绘图的时候直接插进图形使用。

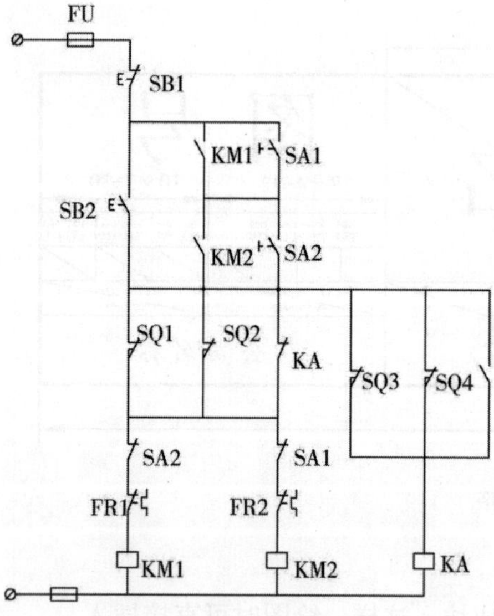

图 4-28　电气控制图

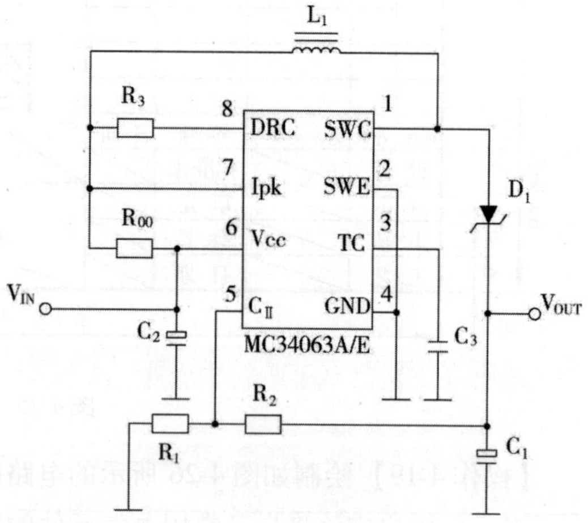

图 4-29　电路图

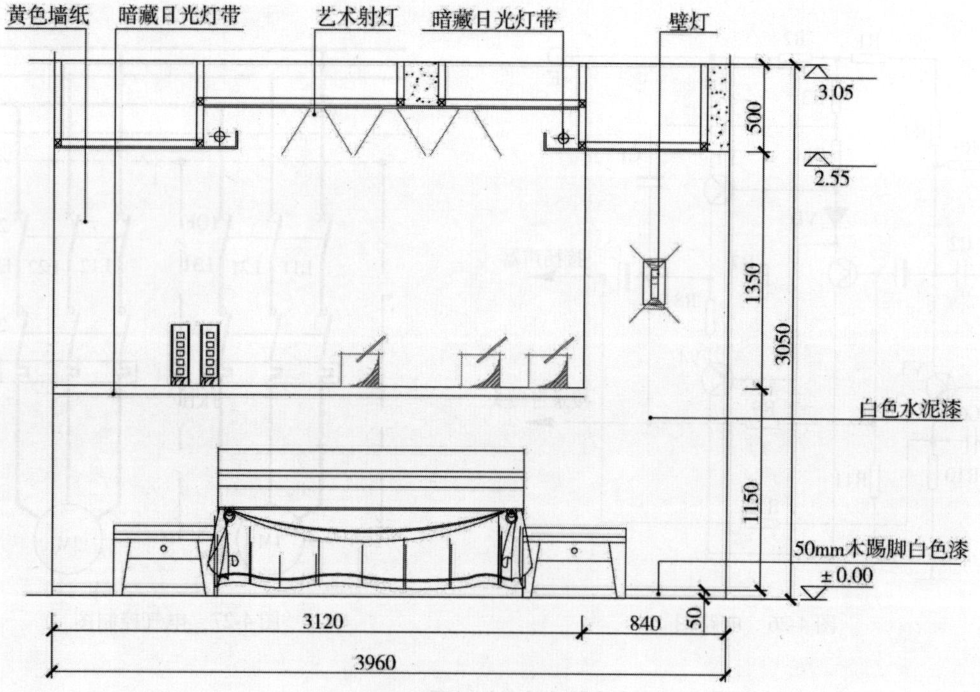

图 4-30　主卧立面图

【操作 4-24】绘制如图 4-31 所示的卧室立面图。

【操作 4-25】绘制如图 4-32 所示的女孩卧室立面图。

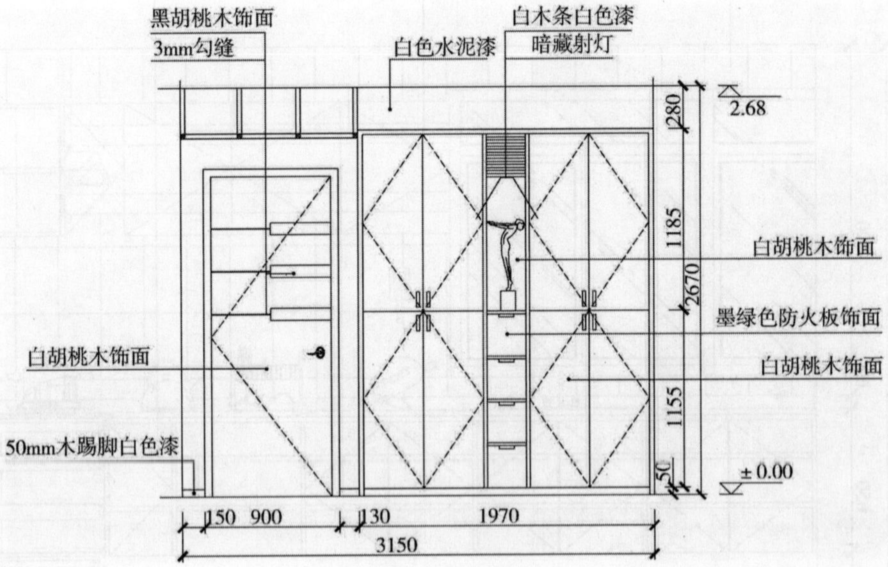

图 4-31　卧室立面图

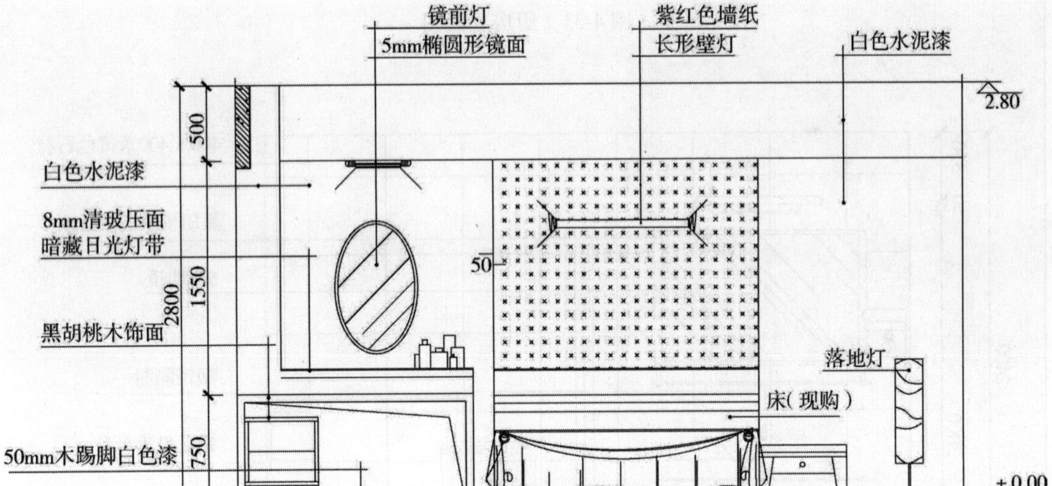

图 4-32　女孩卧室立面图

【操作 4-26】绘制如图 4-33 所示的厨房立面图。

【操作 4-27】绘制如图 4-34 所示的卫生间立面图。

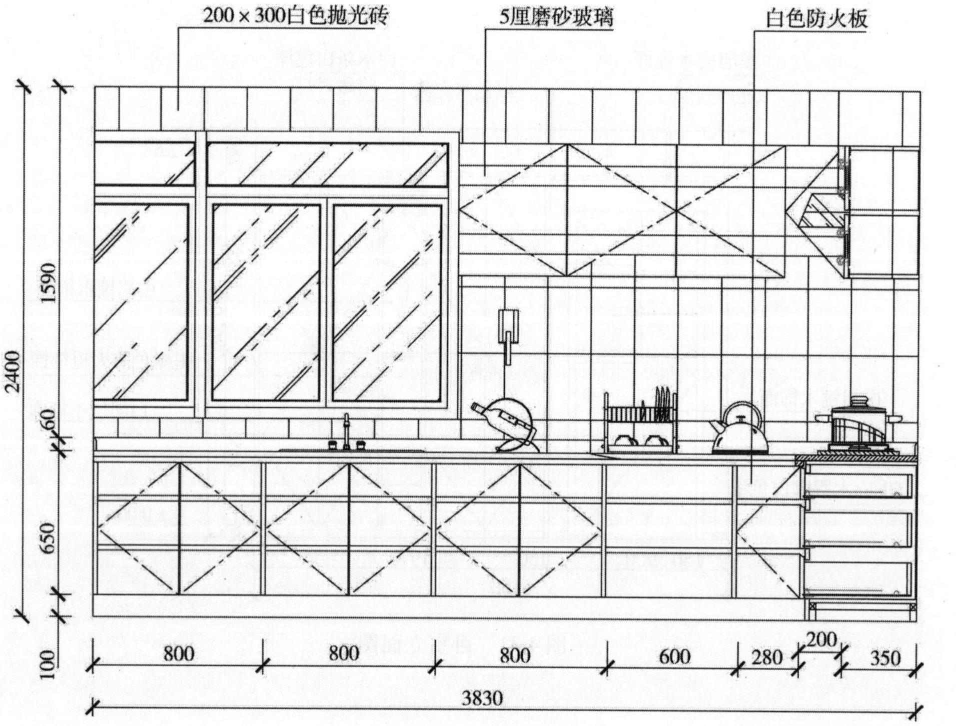

图 4-33　厨房立面图

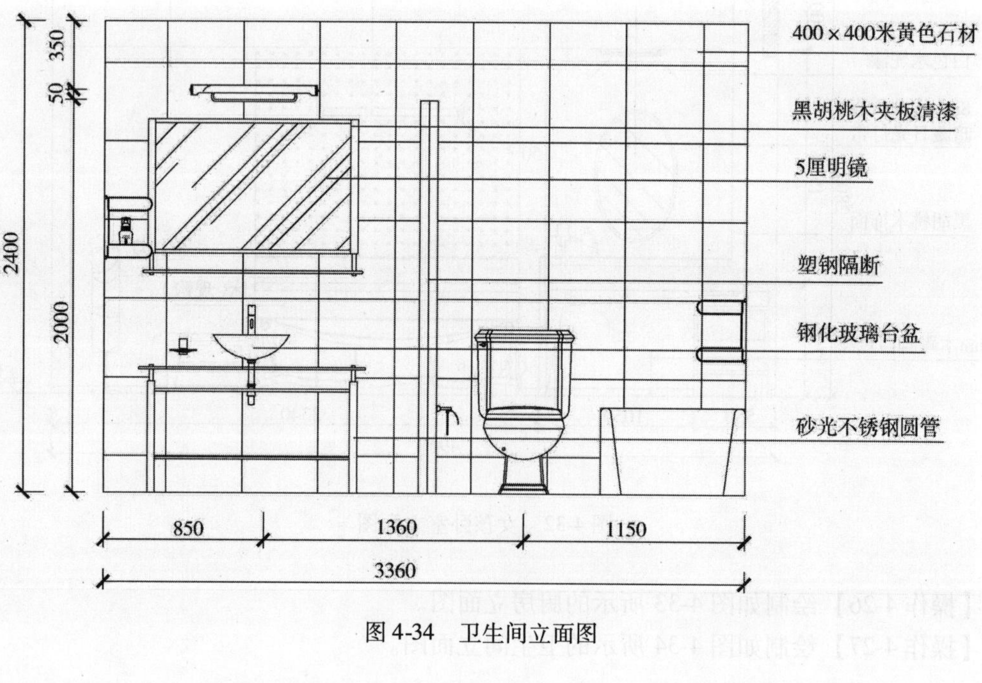

图 4-34　卫生间立面图

【操作 4-28】绘制如图 4-35 所示的电视墙立面图。

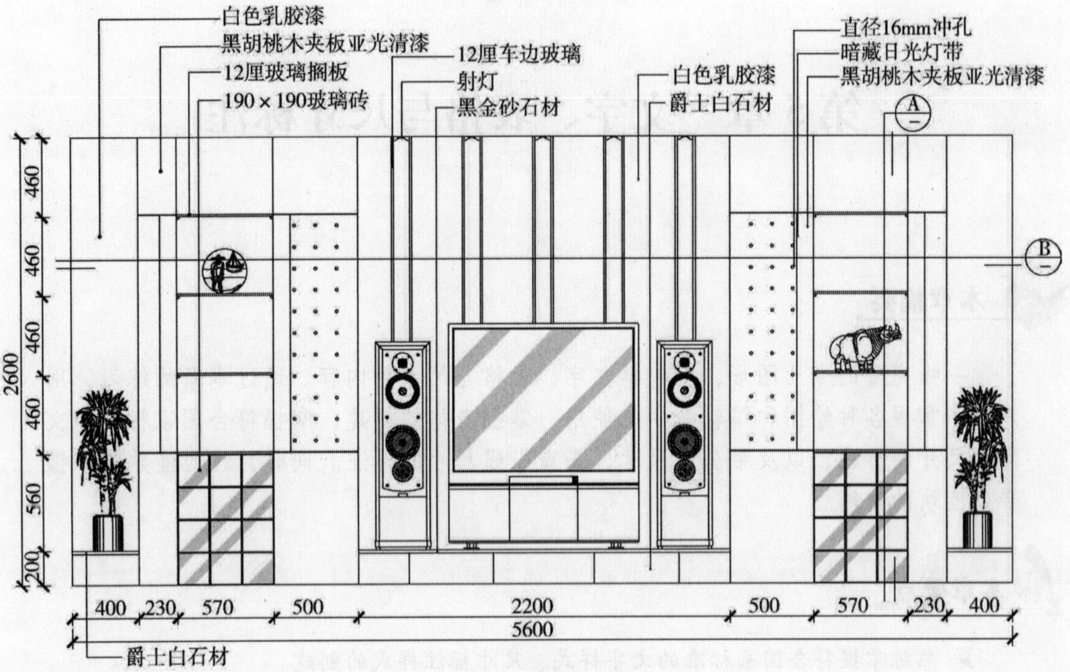

图 4-35 电视墙立面图

第5章　文字、表格与尺寸标注

本章摘要

一幅完整的专业图形，应包括文字、表格与尺寸等内容。通过本章的练习，用户应能掌握各种绘图和编辑命令的使用，掌握表格的创建，掌握符合国家标准的文字和尺寸的标注，以及带公差尺寸，多重引线尺寸的标注。同时，还应能熟练掌握带属性块的使用。

本章要点

- 熟练掌握符合国家标准的文字样式、尺寸标注样式的创建。
- 掌握表格样式的创建，表格的插入和编辑。
- 熟练掌握文字和线性尺寸、直径尺寸、带公差尺寸等各类尺寸的标注。
- 掌握多重引线的设置与标注。
- 掌握粗糙度、形位公差和基准的标注。
- 掌握各种绘图命令和编辑命令的使用，特别是熟练掌握多线的绘制和编辑。

5.1　操作例题

【例5-1】创建符合国家标准的文字样式。

操作方法：

- 单击“注释”选项卡｜“文字”面板右下角的“文字样式”按钮，打开“文字样式”对话框。
- 在“文字样式”对话框中，单击“新建”按钮，在显示的“新建文字样式”对话框中，输入名称“标注1”，然后单击“确定”按钮。
- 在“字体名”下拉列表框中，选择“gbeitc. shx”字体。
- 选中“大字体”复选框，然后，在“大字体”下拉列表框中选择“gbcbig. shx”字体。
- 其余选项使用默认设置，并单击“应用”按钮。
- 再次在“文字样式”对话框中，单击“新建”按钮，在显示的“新建文字样式”对话框中，输入名称“标注2”，然后单击“确定”按钮。

知识点视频：
文字样式设置

- 在“字体名”下拉列表框中，选择“gbenor. shx”字体。
- 其余选项使用与“标注1”相同的设置，接着单击“应用”按钮。
- 最后单击“关闭”按钮完成设置。

【例5-2】设置与创建如图5-1所示的标题栏表格。

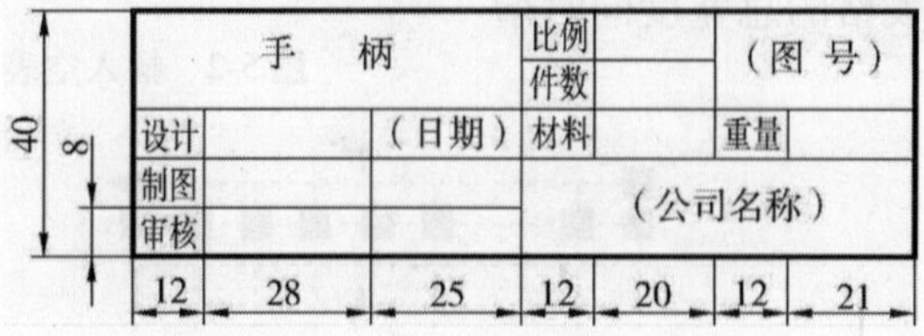

图5-1 标题栏表格

知识点视频：
表格功能的使用

操作流程：

- 首先设置一个表格样式。
- 插入一个空表。
- 编辑插入的空表。
- 输入文字内容。

操作方法：

- 单击“注释”选项卡｜“表格”面板右下角的“表格样式”按钮，打开“表格样式”对话框。
- 在该对话框中单击“新建”按钮，在打开的“创建新的表格样式”对话框的“新样式名”文本框中输入“标题栏”，然后单击“继续”按钮，打开“新建表格样式”对话框。
- 在“新建表格样式”对话框的“表格方向”中选择“向下”方式。
- 在“单元样式”下拉列表中选择“数据”项，以设置数据单元的样式。
- 在“常规”选项卡的“对齐”下拉列表中选择“正中”选项；在“页边距”组件中，将“水平”和“垂直”边距设置为0.1。
- 在“文字”选项卡的“文字样式”下拉列表中选择【例5-1】所创建的“标注1”文字样式；在“文字高度”选项中，将高度值设置为5。其余使用默认设置。
- 在“单元样式”下拉列表中选择“表头”选项，其单元格的“常规”、“文字”和“边框”这三个选项卡的设置与“数据”单元格的设置相同。
- 在“单元样式”下拉列表中选择“标题”选项，除了在“常规”选项卡中选择“创建行/列时合并单元”选项，其余与“数据”单元格的设置相同。
- 单击“确定”按钮完成表格样式设置。
- 在命令行输入表格命令的命令别名“TB”并按Enter键，打开“插入表格”对话框。
- 在“表格样式”下拉列表框中，选择已经设置好的“标题栏”表格样式。
- 在“插入方式”组件中，选择“指定窗口”选项；在“列和行设置”中设置“列”为7、“数据行”为3；在“设置单元样式”中将“第一行单元样式”和“第二行单元样式”都设置为“数据”选项。然后单击“确定”按钮，并用鼠标在绘图区指定一点，接着在“指定第二角点：”的提示下，输入“@84，-40”并按Enter键，插入一个空表，如图

5-2 所示。

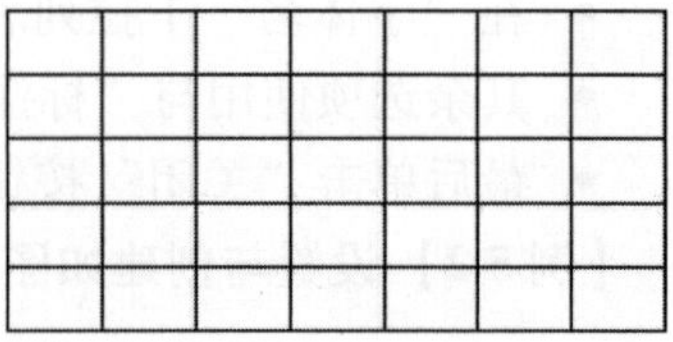

图 5-2　插入空表

- 选择表格，同时显示夹点，如图 5-3 所示。
- 选择中间那排列夹点中从左向右的第三个夹点，使其成为热夹点。然后，在命令行输入“@16，0”，按住 Ctrl 键不放并按 Enter 键，使该列的宽度和表格的总宽度同时增加 16 个单位，如图 5-4 所示。

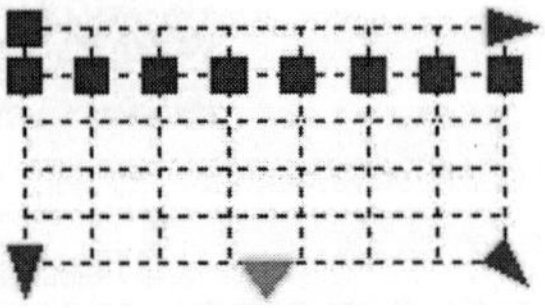

图 5-3　选择表格

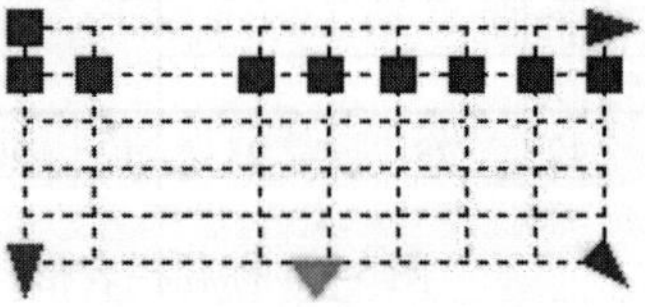

图 5-4　用夹点编辑表格

- 选择中间那排列夹点中从左向右的第四个夹点，使其成为热夹点，单击状态栏上的“正交”按钮，并在命令行输入“13”，然后按住 Ctrl 键不放并将鼠标向右水平拖动后按 Enter键，使该列的宽度和表格的总宽度增加 13 个单位。
- 用鼠标单击从左向右第 5 列的任何一个单元格，以选中该单元格；用鼠标右击，从快捷菜单中选择“特性”选项，打开“特性”选项板，从中将“单元宽度”选项的值修改为 20 并按 Enter。这样，即可将该列的宽度修改为 20。同时，表格的总宽度也发生相应变化。
- 用同样方法，调整其余各列的宽度，使其符合图 5-1 要求。调整结果如图 5-5 所示。
- 选择第 1、2 行的 1 ~ 3 列的单元格后用鼠标右击，从弹出的快捷菜单中选择“合并” | “全部”命令，将其合并为一个单元格。用同样方法，合并第 1、2 两行最后两列的单元格为一个单元格，以及合并最后两行的 4 ~ 7 列的单元格为一个单元格。合并结果如图 5-6 所示。

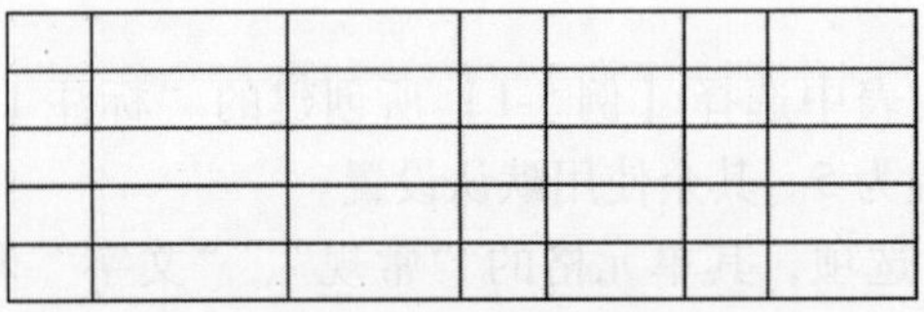

图 5-5　编辑表格尺寸

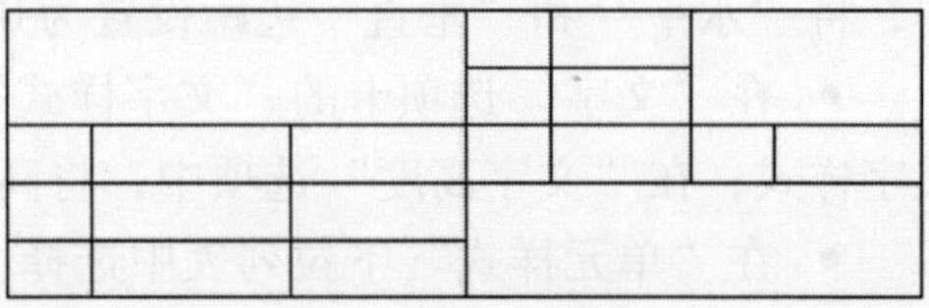

图 5-6　合并单元格后

- 在右上角第一个单元格内单击并拖动到左下角的单元格，然后放开左键，选中所有单元格，接着鼠标右击，在显示的快捷菜单中选择“边框”选项，打开“单元边框特性”对话框。在该对话框中设置“线宽”为 0. 8mm，并单击下面的“外边框”按钮，然后单击“确定”按钮，结果如图 5-7 所示。

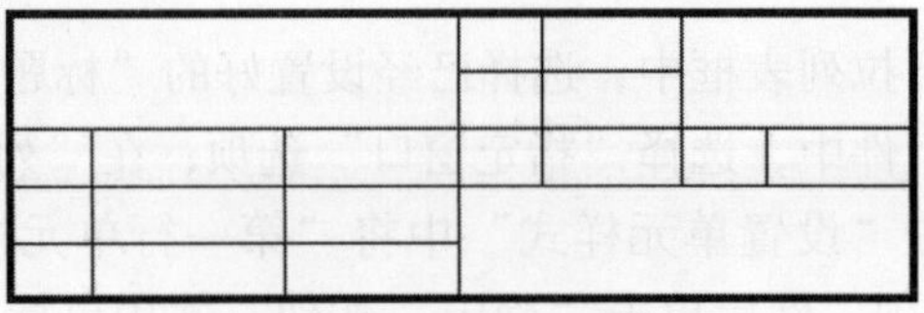

图 5-7　设置外边框线宽

• 单击左上的第一个单元格，然后双击，进入文字输入状态，接着输入零件的名称“手柄”。

• 用同样方法，输入其他单元格中的文字，结果如图 5-1 所示。

技巧

◆ 在设置表格样式时，设置“页边距”组件中的“水平”、“垂直”边距的值应尽量的小一些。如设置为 0.1，这样，在编辑表格时便于精确编辑单元格的高度和宽度。

◆ 插入表格时，如果创建的表格不需要标题行，可在“第一行单元样式”中选择“表头”选项；“第二行单元样式”中选择“数据”选项。如果创建的表格只有数据行，而没有标题行和表头行，可在“第一行单元样式”和“第二行单元样式”中，都选择“数据”选项。

◆ 精确调整表格或单元格尺寸的三种方法：通过夹点并结合相对坐标输入方式调整尺寸；通过夹点并结合正交或追踪方式，然后输入给定距离的方式进行调整；选择表格或单元格后右击，从快捷菜单中选择“特性”选项，打开“特性”选项板进行调整，此方式最方便。

【例 5-3】设置标注符合国家标准的尺寸标注样式。

以尺寸标注中文字高度为 5 的尺寸标注样式为例说明，其操作步骤如下：

(1) 设置用于标注线性尺寸的名为“5（线性）”的标注样式。

1）输入标注样式命令的命令别名“D”然后回车，打开“标注样式管理器”对话框。

2）在“标注样式管理器”对话框中单击“新建”按钮，打开“创建新标注样式”对话框。在该对话框的“新样式名”文本框中输入名称“5（线性）”，在“基础样式”下拉列表框中选择“ISO－25”，在“用于”下拉列表框中选择“所有标注”，然后单击“继续”按钮，打开“新建标注样式”对话框。

知识点视频：
尺寸标注样式的设置

3）在“新建标注样式”对话框的“线”选项卡中：

• 设置“尺寸线”组件的颜色、线型和线宽都为随层“ByLayer”。

• 设置“基线间距”为 8 个单位。

• 设置“尺寸界限”组件的颜色和尺寸界限 1、尺寸界限 2 的线型和线宽都为随层“ByLayer”。

• 设置“超出尺寸线”选项为 2 个单位。

• 设置“起点偏移量”选项为 0 个单位。

4）在“符号和箭头”选项卡中，选择“第一个”和“第二个”箭头形式为“实心闭合”；设置“箭头大小”选项为 3.5 个单位；“弧长符号”选择“标注文字的上方”；“折弯角度”设置为 60 度。

5）在“文字”选项卡中，“文字样式”选择【例 5-1】中创建的“标注 1”或“标注 2”文字样式；设置“文字颜色”为随层“ByLayer”；设置“文字高度”选项为 5 个单位；设置“从尺寸线偏移”选项为 1 个单位；选中“与尺寸线对齐”单选按钮。

6）在“调整”选项卡的“优化”组件中选中“手动放置文字”复选框。

7）在“主单位”选项卡的“线性标注”组件中设置“小数分隔符”为“句点”。

8）其余选项使用默认值。单击“确定”按钮，“5（线性）”标注样式设置完毕。

（2）设置用于标注水平尺寸的名为“5（水平）”的标注样式。

1）在“标注样式管理器”对话框中单击“新建”按钮，打开“创建新标注样式”对话框。在该对话框的“新样式名”文本框中，输入名称“5（水平）”，在“基础样式”下拉列表框中选择“5（线性）”，在“用于”下拉列表框中选择“所有标注”，单击“继续”按钮，打开“新建标注样式”对话框。

2）在“文字”选项卡的“文字对齐”组件中，选中“水平”选项。

3）其余使用“5（线性）”的设置，而不用再进行设置。

（3）设置用于标注角度尺寸的名为“5（角度）”的标注样式。

1）在“标注样式管理器”对话框中单击“新建”按钮，打开“创建新标注样式”对话框。在该对话框的“新样式名”文本框中输入名称“5（角度）”，在“基础样式”下拉列表框中选择“5（线性）”，在“用于”下拉列表框中选择“所有标注”，单击“继续”按钮，打开“新建标注样式”对话框。

2）在“文字”选项卡的“文字位置”组件中，选择“垂直”选项为“居中”方式，在“文字对齐”组件中，选中“水平”选项。

3）其余使用“5（线性）”的设置，而不用再进行设置。

（4）设置用于标注非圆对象直径尺寸的名为“5（直径）”的标注样式。

1）在“标注样式管理器”对话框中单击“新建”按钮，打开“创建新标注样式”对话框。在该对话框的“新样式名”文本框中输入名称“5（直径）”，在“基础样式”下拉列表框中选择“5（线性）”，在“用于”下拉列表框中选择“所有标注”，单击“继续”按钮，打开“新建标注样式”对话框。

2）在“主单位”选项卡的“线性标注”组件的“前缀”文本框中输入“%%C”。

3）其余使用“5（线性）”的设置，而不用再进行设置。

（5）设置用于标注建筑尺寸的名为“5（建筑）”的标注样式。

1）在“标注样式管理器”对话框中单击“新建”按钮，打开“创建新标注样式”对话框。在该对话框的“新样式名”文本框中输入名称“5（建筑）”，在“基础样式”下拉列表框中选择“5（线性）”，在“用于”下拉列表框中选择“所有标注”，单击“继续”按钮，打开“新建标注样式”对话框。

2）在“线”选项卡中，设置“起点偏移量”为5个单位；选择“固定长度的尺寸界线”选项，并设置“长度”值为8。

3）在“符号和箭头”选项卡中，设置“箭头大小”为2个单位，设置“第一个”和“第二个”箭头为“建筑标记”。

4）其余使用“5（线性）”的设置，而不用再进行设置。

技巧

◆ 如果图形中带公差的尺寸比较多，并且大多数尺寸的公差值都相同，则可以创建一个专门的公差标注样式；如果图形中带公差的尺寸不是很多，而且各公差尺寸的公差值也不同，这时通常利用上面创建的某个标注样式，使用“标注样式管理器”对话框中的“替代”按钮来创建一个临时起作用的样式，或使用各标注命令中的“多行文字”选项来标注带公差的尺寸。

◆ 用户可以仿照上面的方法设置常用文字高度为 3.5 和 7 时的尺寸标注样式。

◆ 用户应该在样板图里面设置需要的文字样式、表格样式和尺寸标注样式，这样，在以后绘图过程中，可以使用设计中心将设置好的这些样式轻松插入到其他图形使用。

【例 5-4】绘制如图 5-8 所示的皮带轮，并标注尺寸和文字。

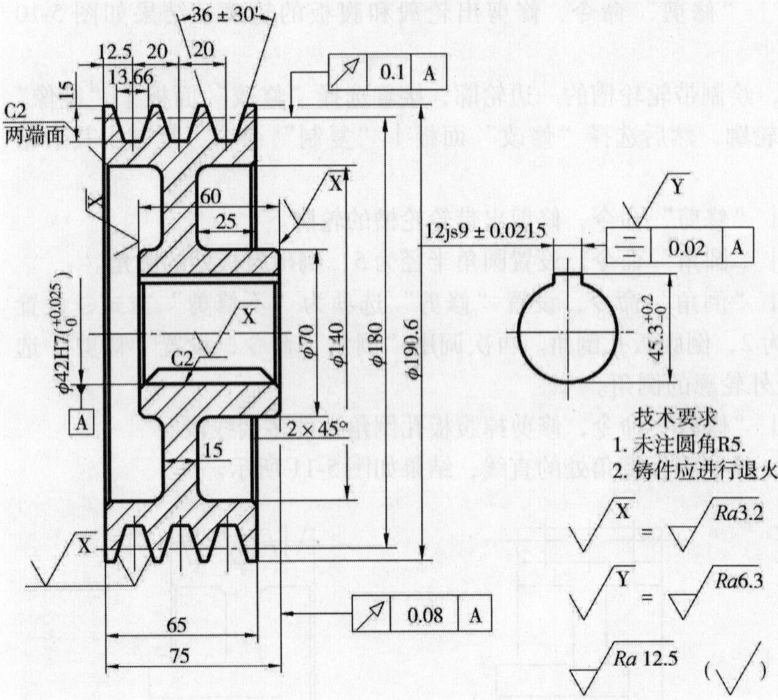

实训视频：
皮带轮的绘制

图 5-8 皮带轮

其操作步骤如下：

● 单击“视图”选项卡 | “选项板”面板 | “设计中心”按钮，将样板图中需要的图层、文字样式和尺寸标注样式插入到图形中。

● 将“中心线”层设置为当前图层，调用直线命令 LINE（命令别名“L”）绘制水平中心线。

● 单击“默认”选项卡 | “修改”面板 | “偏移”按钮，并分别设置偏移距离为 21、35、70、90、95. 3，将水平中心线向上偏移 5 条直线出来。接着选中从下向上的第 1、2、3、5 条直线，然后在“默认”选项卡 | “图层”面板的图层下拉列表中选择“粗实线”，将它们的图层修改为“粗实线”图层。

● 再次调用直线命令 LINE（命令别名“L”），在水平中心线的左端附近开始，向上绘制一条直线，作为皮带轮的左端面。

● 选择“默认”选项卡 | “修改”面板 | “偏移”命令，并分别设置偏移距离为 12. 5、20、65、75，将左端面直线向右偏移出带轮槽对称线和带轮右端面线。再次调用“偏移”命令，设置偏移距离为 15，将最上面一根直线向下偏移一条出来，作为带轮槽底直线。然后选择对应直线，将其修改为“粗实线”图层。结果如图 5-9 所示。

• 选择“默认”选项卡｜“修改”面板｜“修剪”命令，修剪出带轮上半部分的基本轮廓。然后选择带轮槽的中心线，用夹点方式调整其长短。

• 选择“修改”面板｜“偏移”命令，并分别设置偏移距离为 25，40，将带轮右端面线向左偏移两条出来，作为腹板的端面线。再次调用偏移命令，设置偏移距离为 60，将轮毂的右端面线向左偏移一条出来，作为轮毂的左端面线。

• 选择“修改”面板｜“修剪”命令，修剪出轮毂和腹板的轮廓，结果如图 5-10 所示。

• 调用直线命令 LINE，绘制带轮轮槽的一边轮廓，接着选择“修改”面板｜“镜像”命令，镜像出轮槽的另一边轮廓，然后选择“修改”面板｜“复制”命令，复制出其余轮槽轮廓。

• 选择“修改”面板｜“修剪”命令，修剪出带轮轮槽的轮廓。

• 选择“修改”面板｜“圆角”命令，设置圆角半径为 5，倒出腹板处的圆角。

• 选择“修改”面板｜“倒角”命令，设置“修剪”选项为“不修剪”方式，设置“距离”选项的两个距离都为 2，倒腹板孔倒角。再次调用“倒角”命令，设置“修剪”选项为“修剪”方式，倒轮毂外轮廓的倒角。

• 选择“修改”面板｜“修剪”命令，修剪掉腹板孔倒角处的多余线段。

• 调用直线命令 LINE，绘制腹板倒角处的直线，结果如图 5-11 所示。

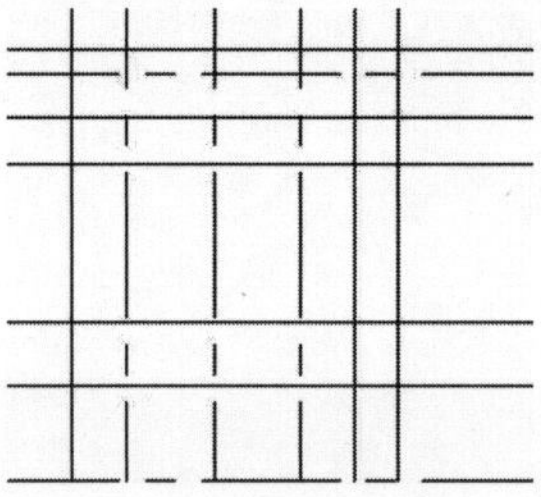

图 5-9　绘制轮廓线

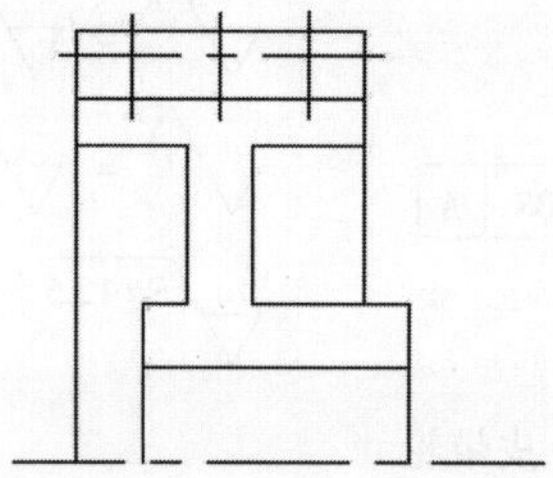

图 5-10　修剪出基本轮廓

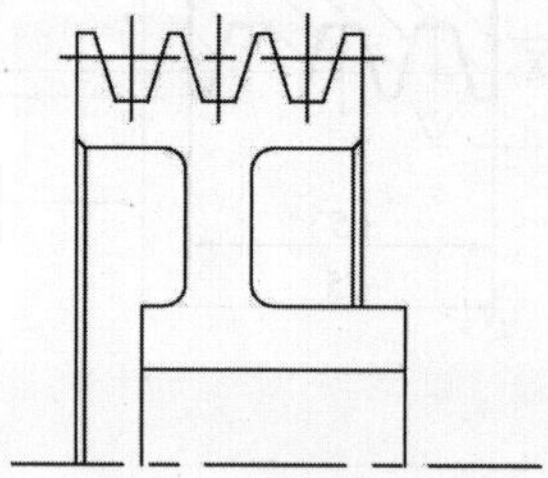

图 5-11　绘制带轮槽

• 选择“修改”面板｜“镜像”命令，将上半部分的图形向下镜像，形成完整的带轮轮廓。

• 选择“修改”面板｜“偏移”命令，设置偏移距离为 3.3，偏移出键槽槽底轮廓。

• 选择“修改”面板｜“倒角”命令，设置“修剪”选项为“不修剪”方式，设置“距离”选项的两个距离都为 2，倒内孔倒角。接着调用直线命令 LINE 作出内孔倒角轮廓线。然后“修改”面板｜“修剪”命令，修剪掉内孔的多余线段，结果如图 5-12 所示。

• 在带轮水平中心线右边延长线上的适当位置，调用直线命令 LINE 和圆命令 CIRCLE 绘制带轮孔的投影，接着选择“修改”面板｜“偏移”命令，偏移出带轮键槽，然后选择“修改”面板｜“修剪”命令，修剪出图形。

• 将“细实线”层设置为当前图层。选择“默认”选项卡｜“绘图”面板｜“图案填充”命令，在“图案填充创建”选项卡｜“图案”面板中，选择“ANSI31”图案；在“图案填充创建”选项卡｜“特性”面板中，将“填充图案比例”的值设置为 2，然后用鼠标在绘图区带轮须填充区域内单击，并观察效果，如果可以，按 Enter 键结束填充，结果如图 5-13 所示。

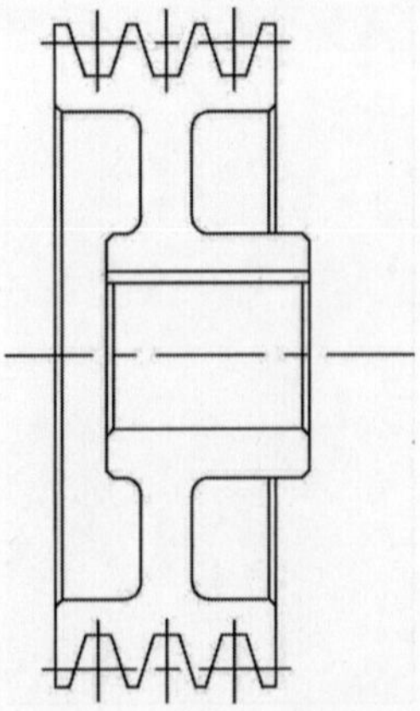

图 5-12　绘制倒角

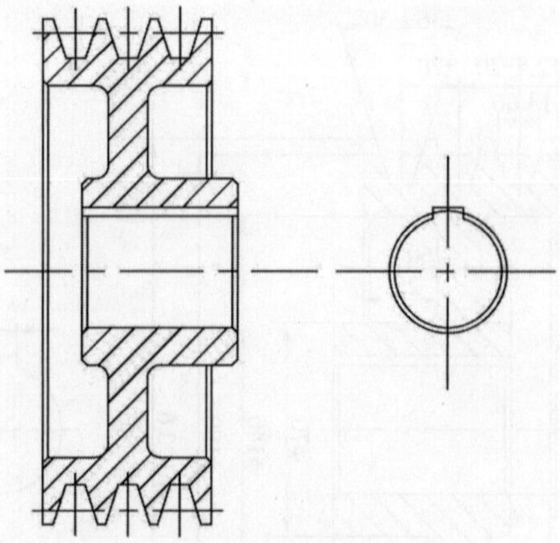

图 5-13　绘制孔的投影

• 将“尺寸”层设置为当前图层，“5 号（线性）”尺寸样式设置为当前样式，单击“注释”选项卡｜“标注”面板｜“线性”按钮，标注各线性尺寸。

• 再次单击“线性”按钮，接着用鼠标捕捉到右边图形键槽宽的两个点，在提示下输入“t”选择“文字”选项，然后在命令行输入“12js9%%p0.0215”，标注出键槽宽度带公差的尺寸“12js9 ±0.0215”。

• 单击“注释”选项卡｜“标注”面板｜“标注样式”按钮，打开“标注样式管理器”对话框，在“样式”列表框中选择“5 号（线性）”，然后单击“替代”按钮，打开“替代当前样式”对话框。在该对话框的“公差”标签，设置“方式”为“极限偏差”，“上偏差”为“0.2”，“下偏差”为“0”，“高度比例”为“0.7”，“垂直位置”为“中”。然后在各级对话框中单击“确定”。接着标注键槽尺寸 $45.3_{0}^{+0.2}$。

• 将“5 号（直径）”尺寸样式设置为当前样式，单击“注释”选项卡｜“标注”面板｜“线性”按钮，标注各直径尺寸尺寸。

• 单击“注释”选项卡｜“标注”面板｜“标注样式”按钮，打开“标注样式管理器”对话框，在“样式”列表框中选择“5 号（直径）”；单击“替代”按钮，打开“替代当前样式”对话框。在该对话框的“线”标签，选择隐藏“尺寸线 2”，隐藏“尺寸界线 2”选项，然后在各级对话框中单击“确定”。再次单击“线性”按钮，在左边图形的内孔中捕捉到两点，在提示下输入“M”选择“多行文字”选项，在多行文字编辑器中输入“%%c42H7（+0.025^0）”并选中须堆叠的公差部分“+0.025^0”，然后单击多行文字编辑器上的“堆叠”按钮，再单击“确定”按钮，标注出孔 ϕ42 的公差尺寸。

• 将“5 号（角度）”尺寸样式设置为当前样式，单击“注释”选项卡｜“标注”面板｜“角度”按钮，用同样方法标注 36°的角度尺寸，结果如图 5-14 所示。

• 单击“注释”选项卡｜“引线”面板｜“多重引线样式管理器”按钮，打开“多重引线样式管理器”对话框，在该对话框中单击“新建”按钮，打开“创建新多重引线样式”对话框，在“新样式名”中输入“公差”，并单击“继续”按钮，打开“修改多重样式引线”对话框；在“引线格式”标签，设置“类型”为“直线”，“符号”为“实心闭合”，“大小”为“3.5”；在“引线结构”标签，设置“最大引线点数”为“3”，选中

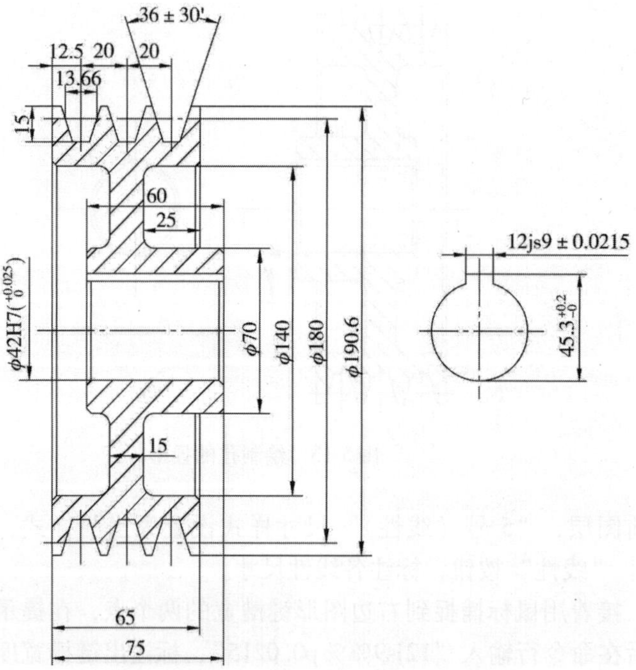

图5-14　标注线性、直径和角度尺寸

实训视频：

皮带轮的尺寸标注

“自动包含基线”，“设置基线距离”为“5”；在“内容”标签，选中“多重引线类型”为“无”。单击“确定”按钮，完成设置。

• 再次新建一个“倒角”多重引线样式。在“引线格式”标签，设置“类型”为“直线”，“符号”为“无”，“大小”为“0”；在“引线结构”标签，设置“第一段角度”为“45”，“第二段角度”为“0”，选中“自动包含基线”，“设置基线距离”为“1”；在“内容”标签，选中“多重引线类型”为“多行文字”，“文字样式”为“标注2”，设置“文字高度”为“5”；在“连接位置-左”和“连接位置-右”中都选择“最后一行加下划线”，在各对话框中单击“确定”按钮。

• 在“注释”选项卡|“引线”面板中将“公差”多重引线样式设置为当前样式，打开“正交”方式；单击“注释”选项卡|“引线”面板||“多重引线”按钮，在带轮的右端面线上单击一点，接着向右水平拖动鼠标在合适位置单击一点，再向右水平拖动鼠标在合适位置单击，得到一条公差引线。

• 选择“注释”选项卡|“标注”面板|“公差”命令，打开“形位公差”对话框，在“符号”框中单击，选择“跳动”符号，在“公差1”框中输入“0.08”，在“基准1”框中输入“A”，单击“确定”按钮，然后用鼠标捕捉到刚才作出的公差引线的根部单击，完成该形位公差的标注。

• 用同样方法标注其他形位公差符号。

• 在“注释”选项卡|“引线”面板中将“倒角”多重引线样式设置为当前样式。单击“注释”选项卡|“引线”面板|“多重引线”按钮，在“指定引线箭头的位置……”提示下，用鼠标捕捉到内孔的倒角；在“指定下一点:”的提示下，将鼠标拖动到合适位置单击，在“指定引线基线的位置:”的提示下，将鼠标水平向右拖动一小段单击，

这时打开“多行文字编辑器”，在其中输入“C2”，并单击“确定”按钮，完成倒角的标注。用同样方法标注腹板孔口的倒角。

● 选择“视图”选项卡｜“选项板”面板｜“设计中心”命令，在打开的“设计中心”面板的左边树状区找到自己的样板图，在右边的控制板区的“块”图标上双击，进入下一级，在要插入的粗糙度符号或基准符号上右击，在弹出的菜单里面选择“插入块”选项，打开“插入”对话框，在该对话框中可以设置插入比例和旋转角度，然后将已经定义好的带属性的粗糙度符号块和基准符号块插入到图形中的合适位置。

● 在“注释”选项卡｜“文字”面板中将“标注 2”文字样式设置为当前样式，并在该面板中选择“单行文字”命令，设置文字高度分别为 10 和 7，标注技术要求的文字。用同样方法标注其他文字。

● 调用编辑标注文字命令 DIMTEDIT，调整某些标注尺寸的位置，以使它们间隔合适，结果如图 5-8 所示。

【例 5-5】绘制如图 5-15 所示的建筑平面图，并标注尺寸和文字。

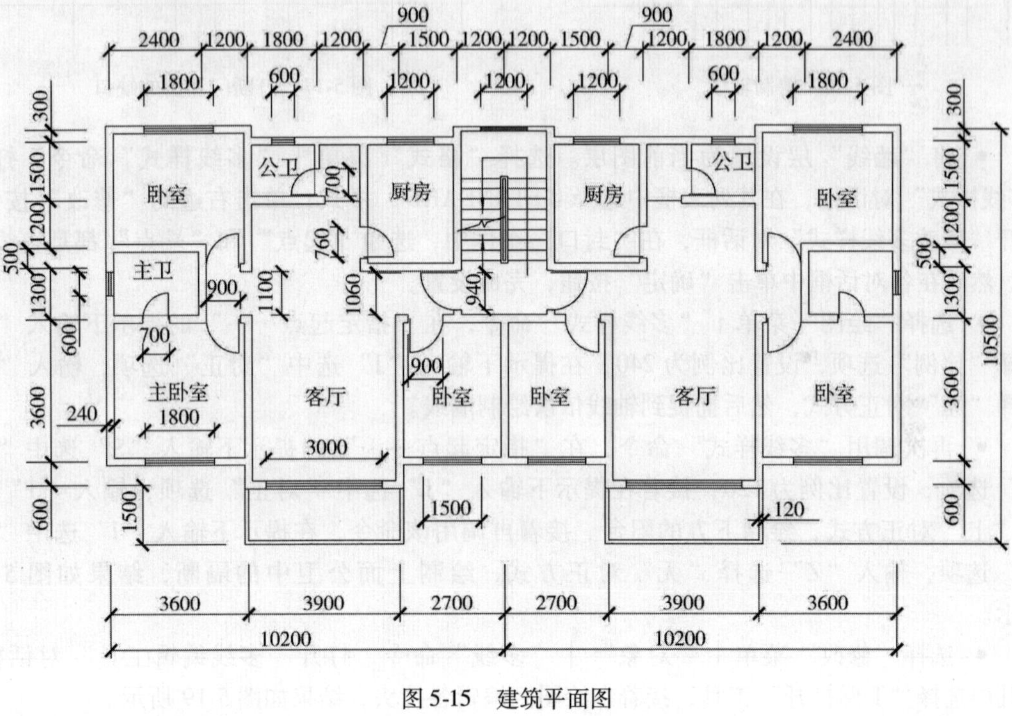

图 5-15 建筑平面图

其操作步骤如下：

● 单击“视图”选项卡｜“选项板”面板｜“设计中心”按钮，将样板图中需要的图层、文字样式和尺寸标注样式插入到图形中。

● 将“轴线”层设置为当前图层。打开“正交”方式，调用直线命令 LINE 绘制一条长度为 25000 的水平直线，和一条长度为 13000 的垂直直线。

实训视频：
建筑平面图的绘制

● 选择“默认”选项卡｜“修改”面板｜“偏移”命令，将垂直轴线依次向右偏移 2400，1200，1800，1200，900，1500，1200，1200，1500，900，1200，1800，1200，2400，得到各个垂直轴线。同样，将水平轴线向下依次偏移 300，1500，1200，

500，1300，3600，600，1500，得到各水平轴线，结果如图 5-16 所示。

- 选择“默认”选项卡｜“修改”面板｜“打断”命令，接着选择最上面一条水平轴线，在“指定第二个打断点……”的提示下，输入“f”选择“第一点”选项，在“指定第一个打断点：”提示下，按住 Shift 键右击，在快捷菜单中选择“自”命令，用鼠标捕捉到最左边一条垂直轴线和最上面一条水平轴线的交点单击，接着在“<偏移>：”提示下输入“@800，0”并按 Enter 键，在“指定第二个打断点：”的提示下输入“@1800，0”并按 Enter 键，打断出窗的缺口。
- 用同样方法打断出其他窗户和门的缺口，结果如图 5-17 所示。

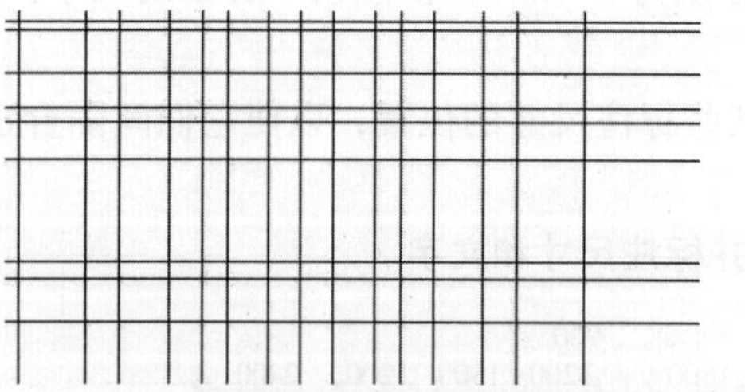

图 5-16　绘制轴线

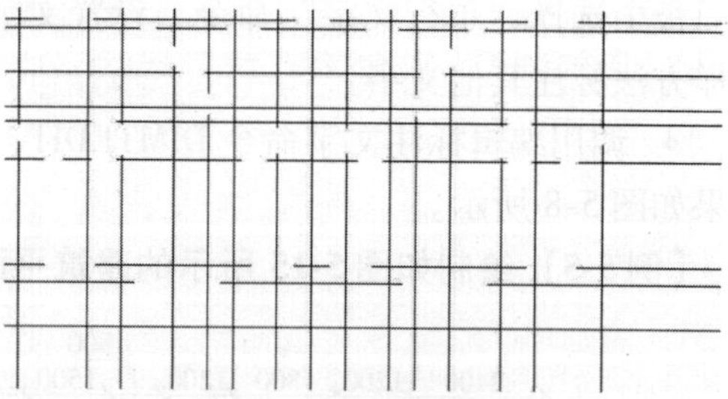

图 5-17　打断门和窗的缺口

- 将“墙线”层设置为当前图层。选择“格式”菜单｜“多线样式”命令，打开“多线样式”对话框，在其列表框中选择“STANDARD”样式；单击右边的“修改”按钮，打开“修改多线样式”对话框，在“封口”组件中，选中“起点”和“端点”都是直线封口。然后在各对话框中单击“确定”按钮，完成设置。
- 选择“绘图”菜单｜“多线样式”命令，在“指定起点……”的提示下输入“S”选择“比例”选项，设置比例为 240，在提示下输入“J”选中“对正”选项，输入“Z”选择“无”对正方式，然后捕捉到轴线依次绘制墙线。
- 再次调用“多线样式”命令，在“指定起点……”的提示下输入“S”选中“比例”选项，设置比例为 120，接着在提示下输入“J”选中“对正”选项，输入“T”选择“上”对正方式，绘制下方的阳台。接着再调用该命令，在提示下输入“J”选中“对正”选项，输入“Z”选择“无”对正方式，绘制上面公卫中的隔断，结果如图 5-18 所示。
- 选择“修改”菜单｜“对象”｜“多线”命令，打开“多线编辑工具”对话框，在其中选择“T 形打开”工具，接着在绘图区编辑各接头，结果如图 5-19 所示。

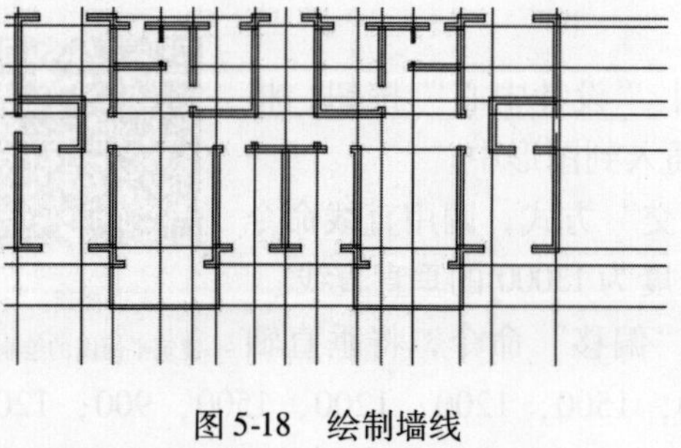

图 5-18　绘制墙线

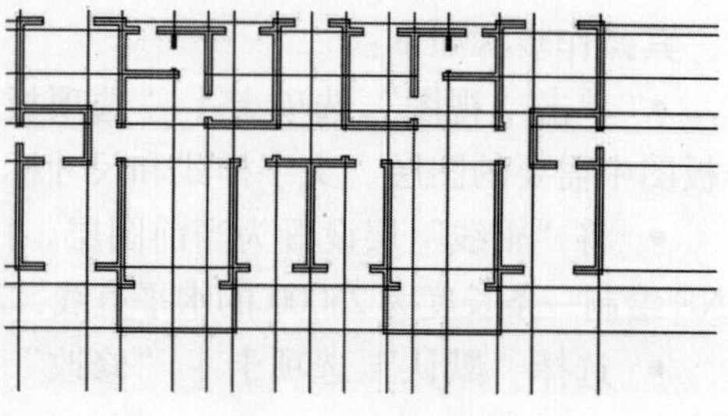

图 5-19　编辑接头

• 将“窗”层设置为当前图层。单击“视图”选项卡｜“选项板”面板｜“设计中心”按钮，打开“设计中心”面板，在左边的树状区找到样板图形，在右边的控制板区双击“块”选项，进入下一级，在其中的“窗户”块上右击，在弹出的快捷菜单中选择“插入块”选项，打开“插入块”对话框，在“比例”组件的“X”中输入“1800/1500”，然后单击“确定”按钮，将该窗户插入到左上第一个窗户缺口。用户可用同样方法，插入其他窗户缺口处的窗户。

• 将“门”图层设置为当前层。用同样的方法插入左边部分的门。

• 选择“默认”选项卡｜“修改”面板｜“镜像”命令，以中线为轴，将左边部分的门镜像到右边来，结果如图5-20所示。

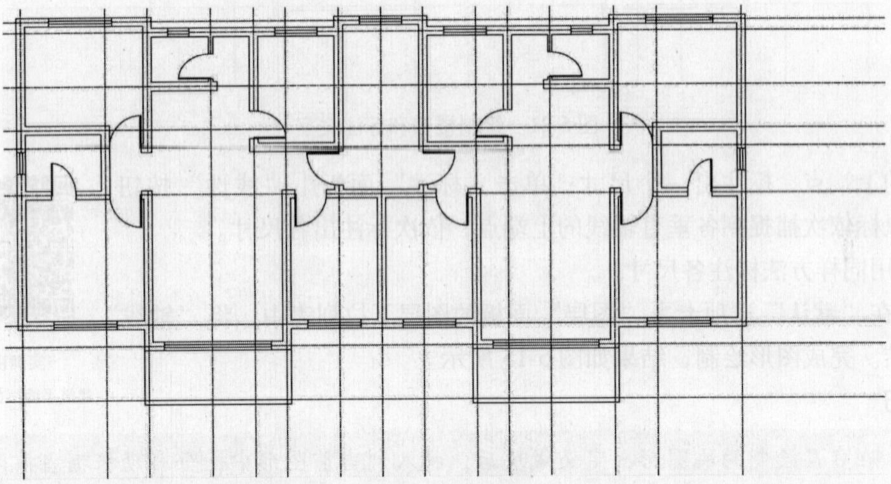

图5-20 绘制门窗

• 将“楼梯”层设置为当前图层。调用直线命令LINE、矩形命令RECTANG（命令别名REC）绘制楼梯。再调用多段线命令PLINE（命令别名PL），捕捉到楼梯折线处的端点单击，在提示下输入“W”选择“宽度”选项，设置起点宽度为0，端点宽度为300，绘制楼梯折线处的箭头。

• 将“文字”层设置为当前图层，将“标注2”样式设置为当前文字样式。选择“注释”选项卡｜“文字”面板｜“单行文字”命令，设置文字高度为500，标注左边部分的文字。

• 选择“默认”选项卡｜“修改”面板｜“镜像”命令，将左边部分的文字镜像到右边来，结果如图5-21所示。

• 将“尺寸”层设置为当前图层，将“5号（建筑）”样式设置为当前尺寸标注样式。单击“注释”选项卡｜“标注”面板｜“标注样式”按钮，打开“标注样式管理器”对话框，在“样式”列表框中选择“5号（建筑）”，接着单击右边的“修改”按钮，打开“修改标注样式”对话框，在“调整”标签的“使用全局比例”中，将值设置为100，然后在各级对话框中单击“确定”按钮。

• 单击“注释”选项卡｜“标注”面板｜“线性”按钮，然后用鼠标捕捉到左边两

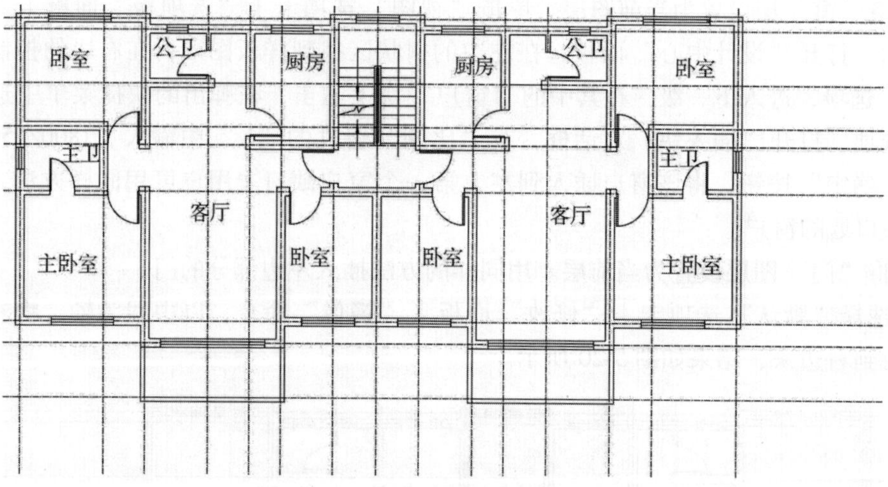

图 5-21　绘制楼梯和标注文字

条轴线的上端点，标注出一个尺寸；单击“标注”面板｜“线性”按钮，然后用鼠标依次捕捉到各垂直轴线的上端点，依次标注出各尺寸。

- 用同样方法标注各尺寸。
- 在“默认”选项卡｜“图层”面板的图层下拉列表中，将“轴线”图层冻结。完成图形绘制，结果如图 5-15 所示。

实训视频：
建筑平面图的尺寸标注

技巧

◆ 在 0 层绘制的块图形，定义成块后，插入到当前图形中，会自动根据当前图层调整，变成当前图层上的对象。

◆ 插入窗户块时，由于窗户缺口的长度是 1800，而窗户块原图形的长度是 1500，因此，在插入时，在“插入块”对话框中设置“比例”组件的“X”值为“1800/1500”，这样，插入的窗户块的 X 方向就会自动拉伸为 1800 的尺寸。

◆ 插入门块时，在“插入”对话框的“比例”组件中，“X”的值为“－1”，插入的门相当于左右镜像的效果；如果“Y”的值为“－1”，插入的门相当于上下镜像的效果；如果“X”和“Y”的值都为“－1”，则相当于上下和左右同时镜像的效果。

◆ 用户同样应在自己的样板图形中设置“倒角”“公差”等多重引线样式。以后绘制其他图形要用时，可直接用设计中心插入到其他图形。

5.2　上机操作题

【操作 5-1】绘制如图 5-22 所示的通盖，并标注尺寸和文字。

【操作 5-2】绘制如图 5-23 所示的闷盖，并标注尺寸和文字。

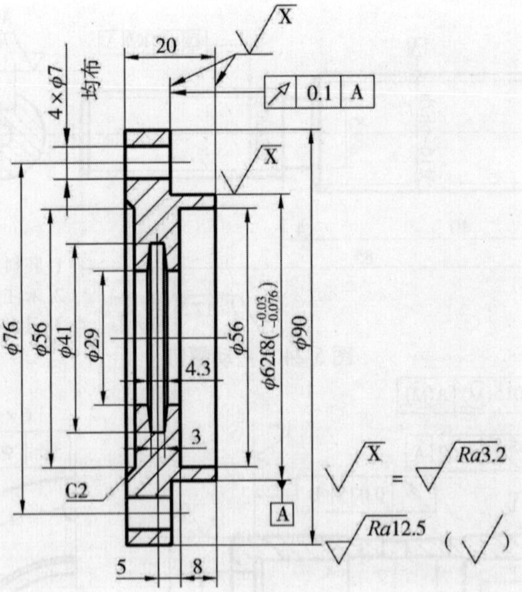

图 5-22 通盖

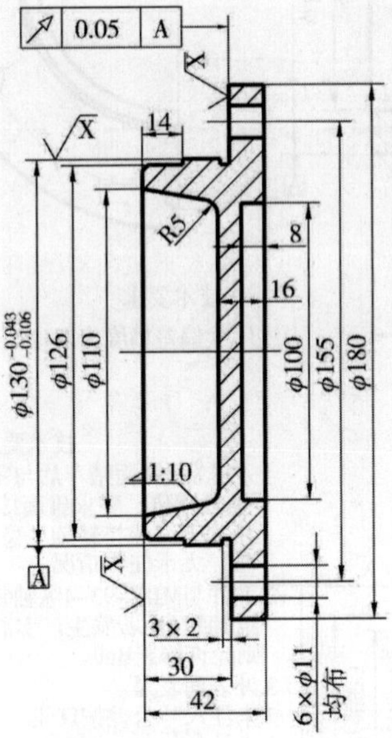

技术要求

1.铸件不允许有气孔等铸造缺陷。
2.未注尺寸精度为IT12。
3.未注倒角C2。

图 5-23 闷盖

【操作 5-3】绘制如图 5-24 所示的差动螺钉，并标注尺寸和文字。

【操作 5-4】绘制如图 5-25 所示的套杯，并标注尺寸和文字。

【操作 5-5】绘制如图 5-26 所示的轴套，并标注尺寸和文字。

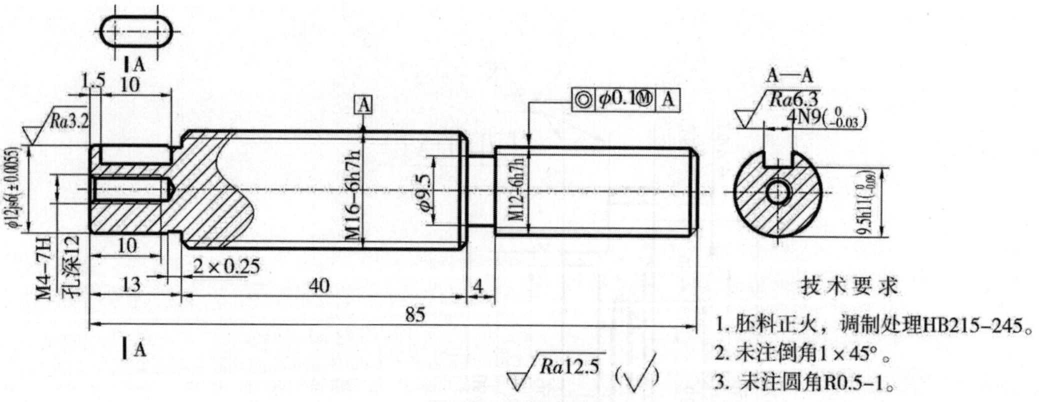

图 5-24　差动螺钉

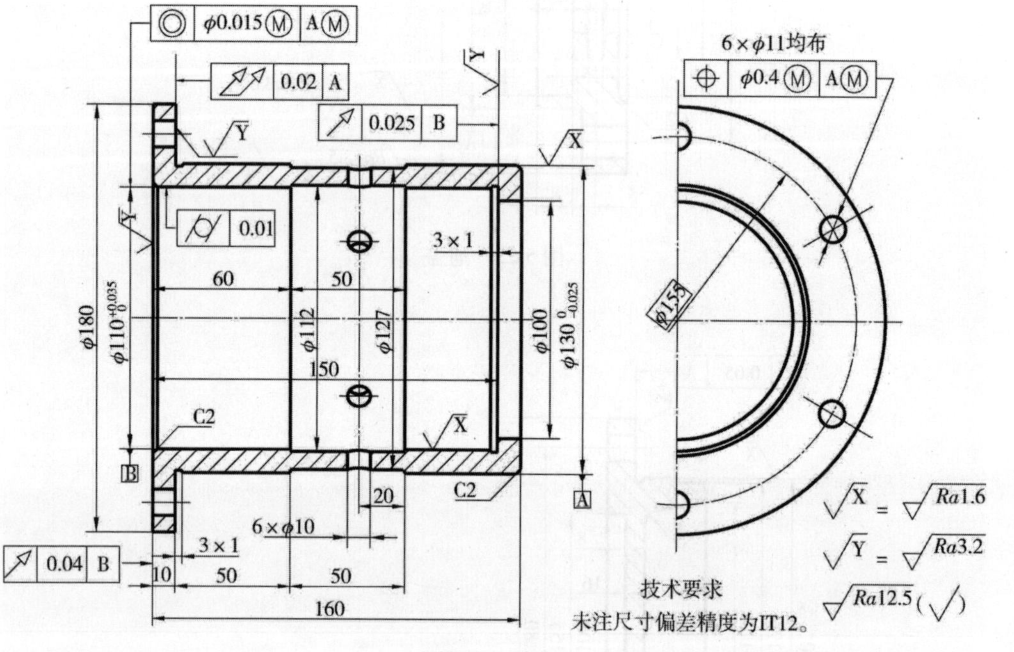

图 5-25　套杯

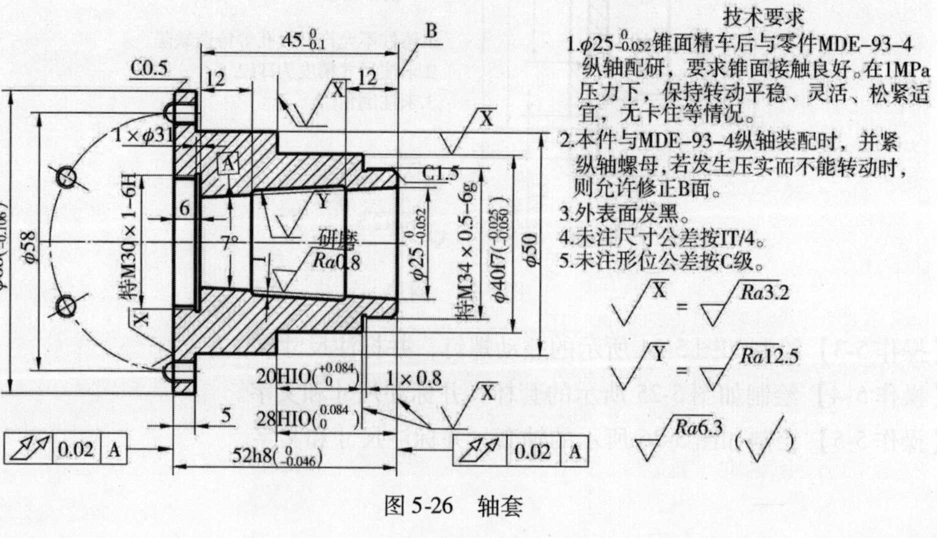

图 5-26　轴套

【操作 5-6】绘制如图 5-27 所示的封辊，并标注尺寸和文字。

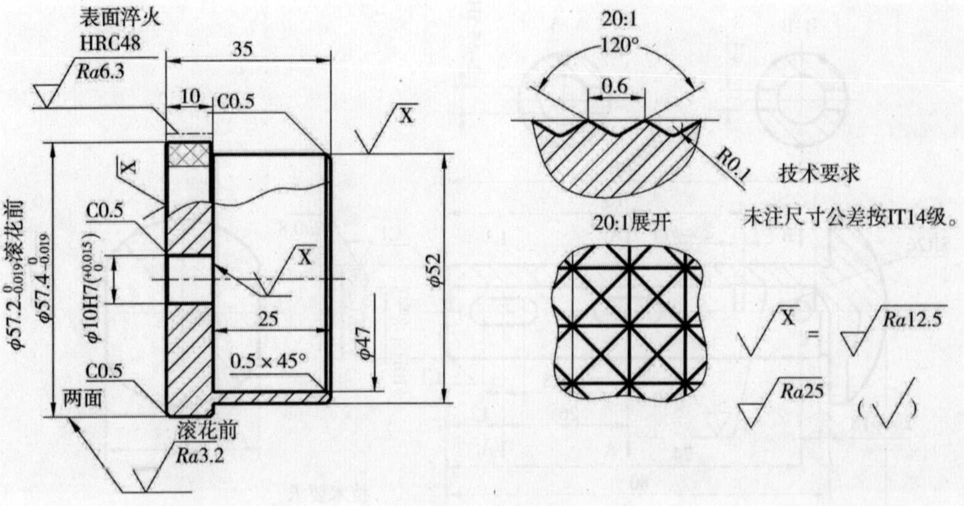

图 5-27　封辊

【操作 5-7】绘制如图 5-28 所示的目镜筒，并标注尺寸和文字。

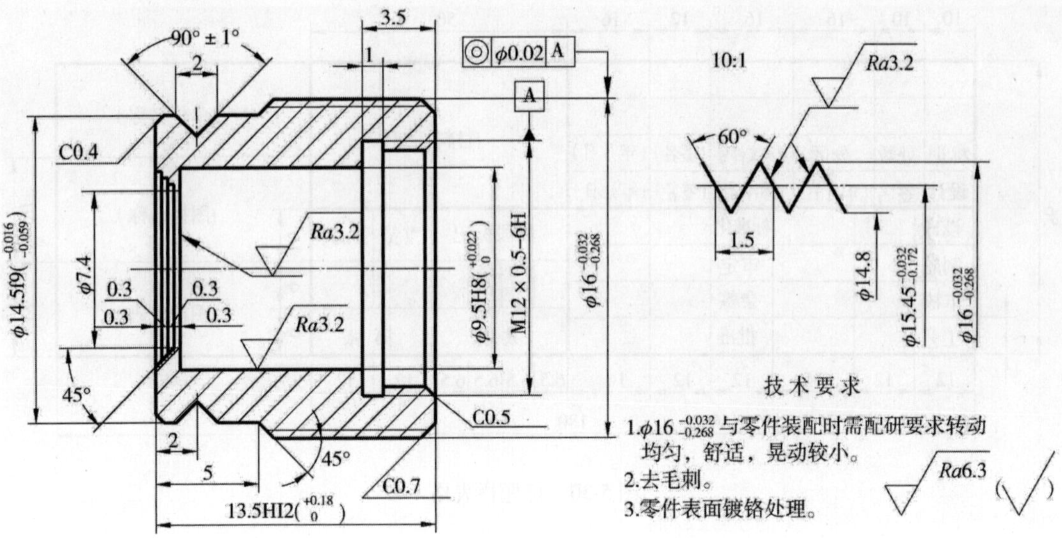

图 5-28　目镜筒

【操作 5-8】绘制如图 5-29 所示的顶杆，并标注尺寸和文字。

【操作 5-9】绘制如图 5-30 所示的标题栏表格。

【操作 5-10】绘制如图 5-31 所示的明细表表格。

【操作 5-11】绘制如图 5-32 所示的建筑平面图 1，并标注尺寸和文字。

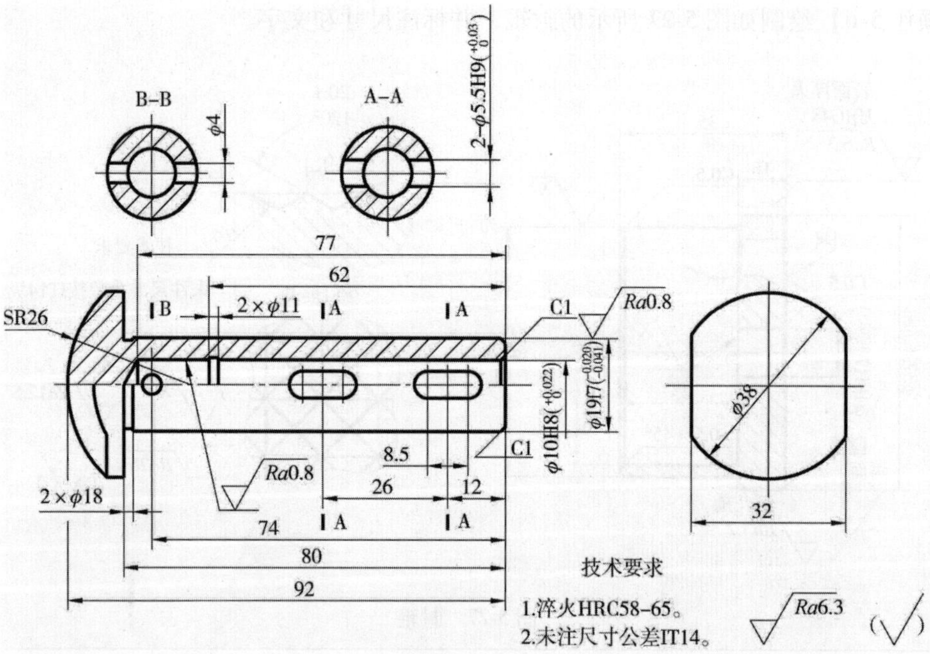

图 5-29 顶杆

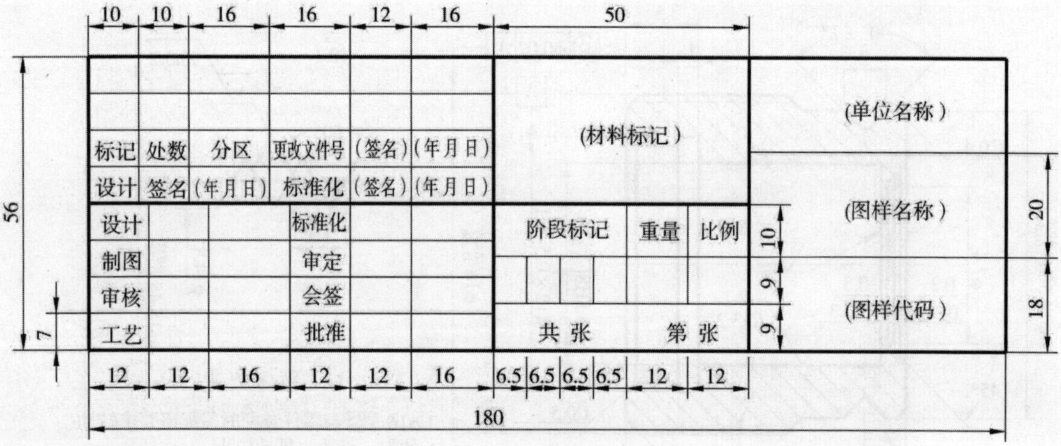

图 5-30 标题栏表格

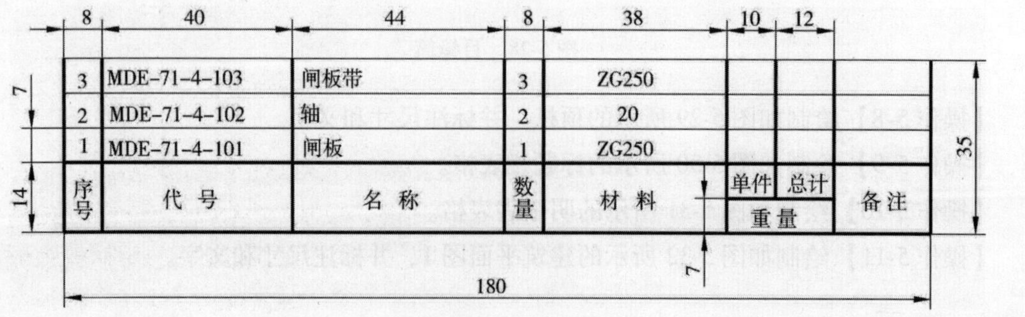

图 5-31 明细表

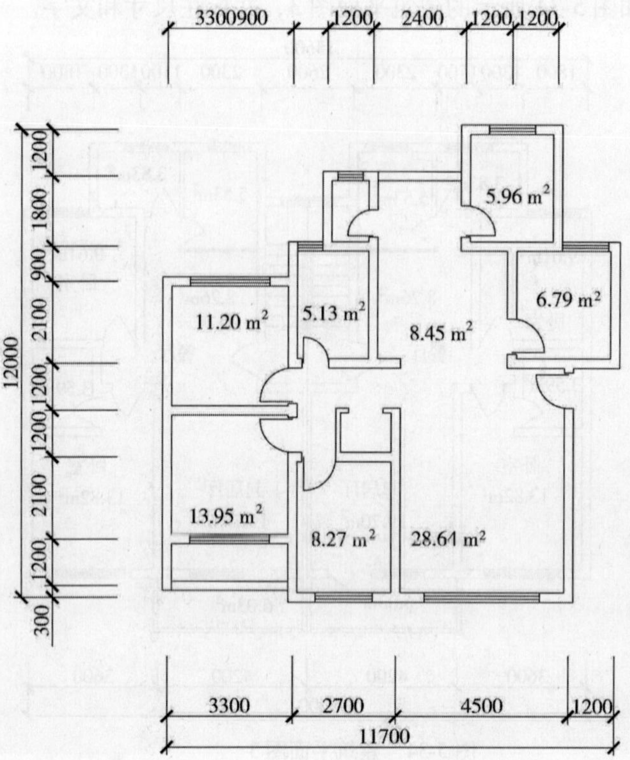

图 5-32　建筑平面图 1

【操作 5-12】绘制如图 5-33 所示的建筑平面图 2，并标注尺寸和文字。

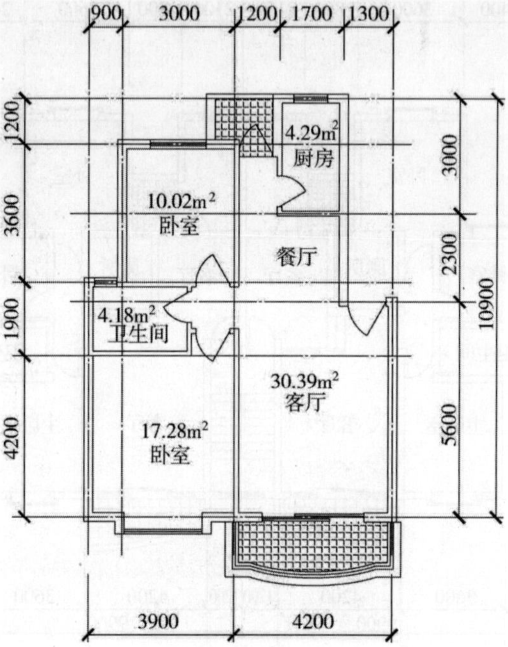

图 5-33　建筑平面图 2

【操作 5-13】绘制如图 5-34 所示的建筑平面图 3，并标注尺寸和文字。

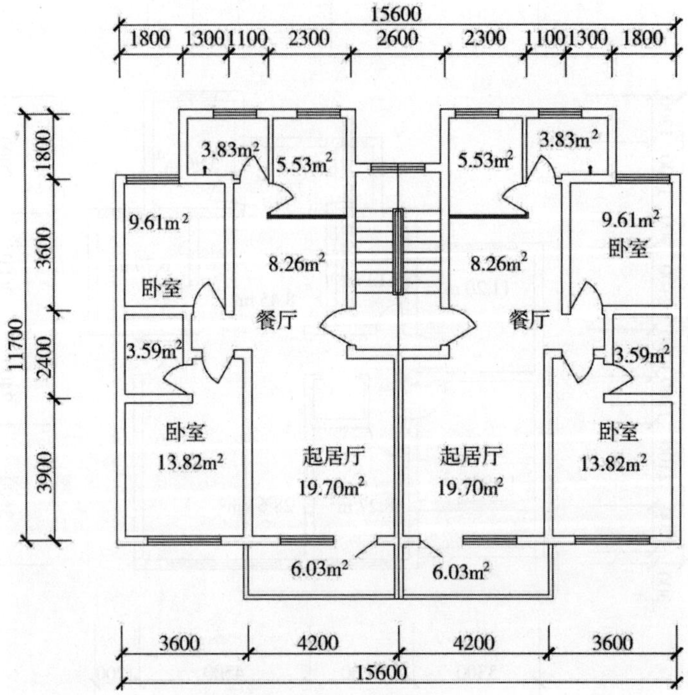

图 5-34 建筑平面图 3

【操作 5-14】绘制如图 5-35 所示的建筑平面图 4，并标注尺寸和文字。

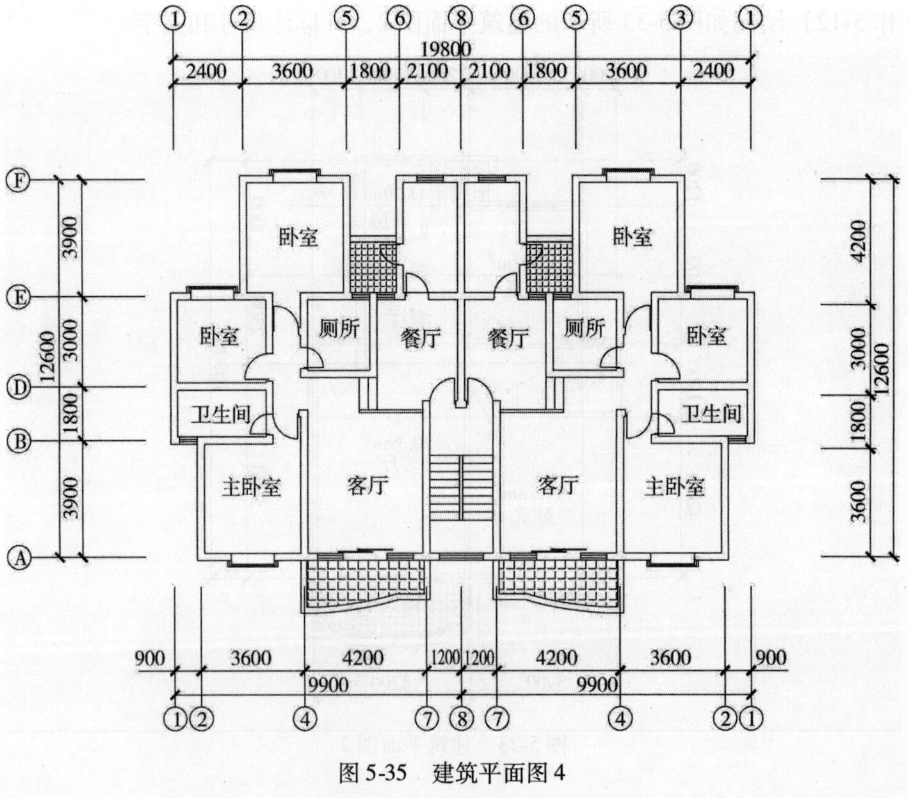

图 5-35 建筑平面图 4

【操作 5-15】绘制如图 5-36 所示的建筑平面图 5，并标注尺寸和文字。

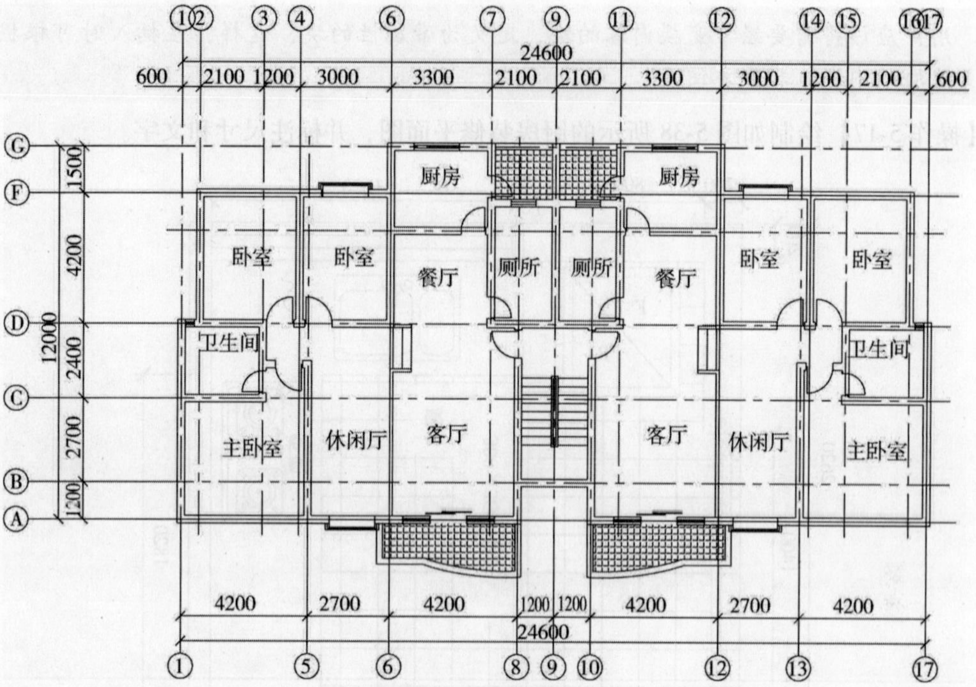

图 5-36　建筑平面图 5

【操作 5-16】绘制如图 5-37 所示的建筑平面图 6，并标注尺寸和文字。

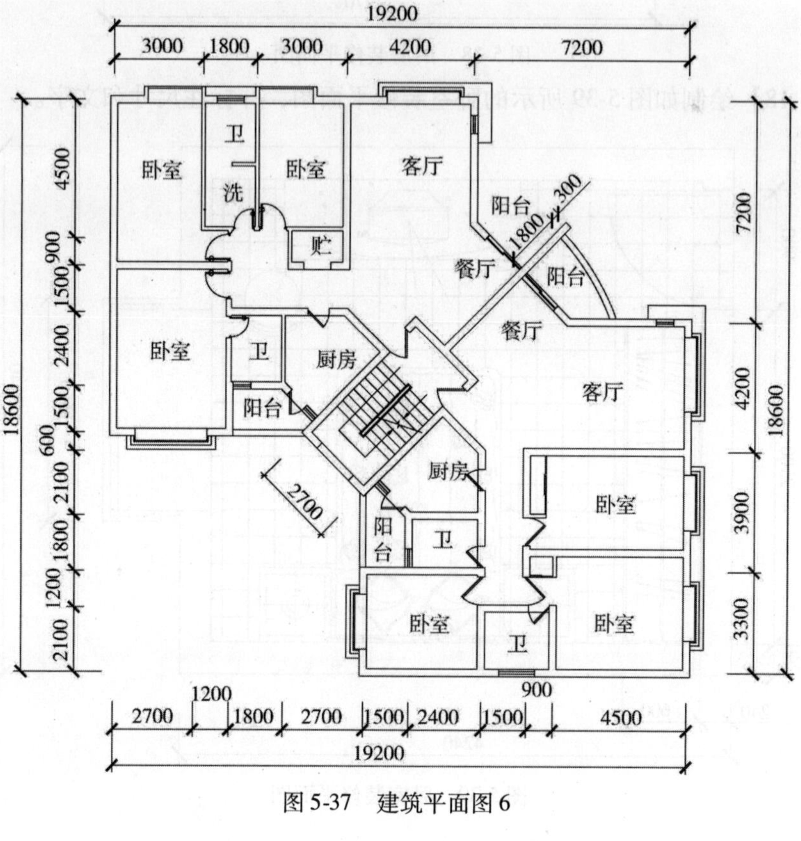

图 5-37　建筑平面图 6

技巧

用户应该将需要经常变换内容的块，定义为带属性的块，这样，在插入时可根据需要更改块的内容，非常方便。

【操作 5-17】绘制如图 5-38 所示的厨房装修平面图，并标注尺寸和文字。

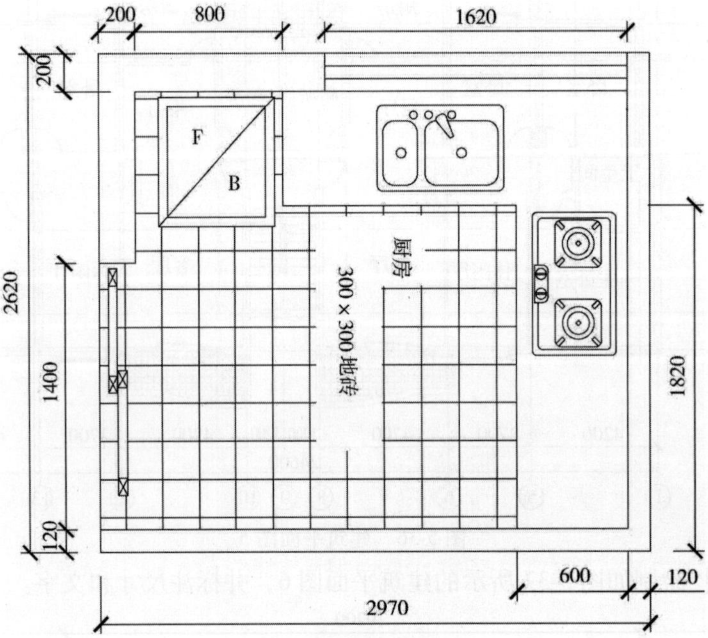

图 5-38　厨房装修平面图

【操作 5-18】绘制如图 5-39 所示的卧室装修平面图，并标注尺寸和文字。

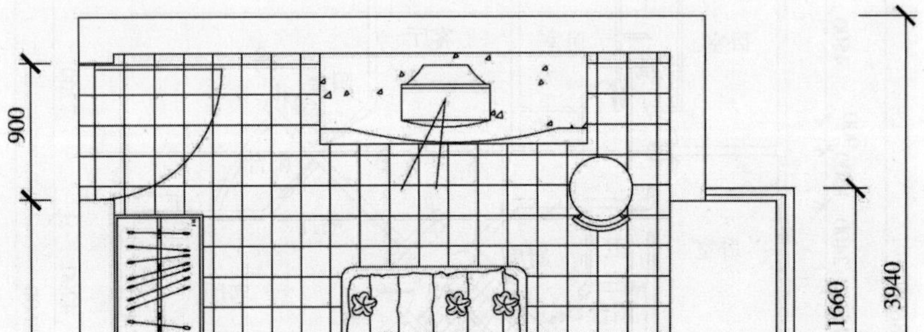

图 5-39　卧室装修平面图

【操作 5-19】绘制如图 5-40 所示的客厅装修平面图 1，并标注尺寸和文字。

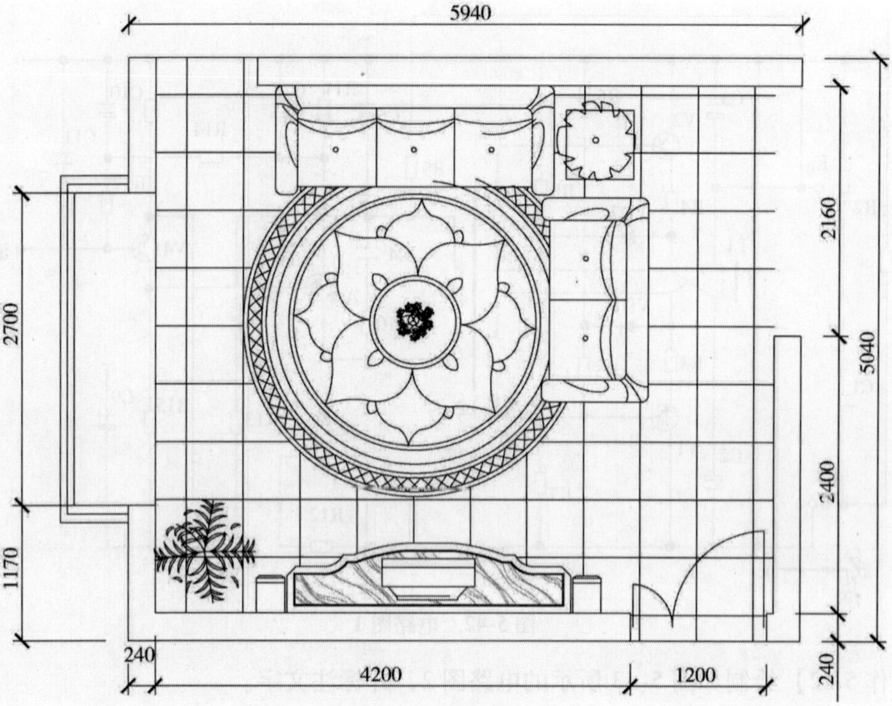

图 5-40　客厅装修平面图 1

【操作 5-20】绘制如图 5-41 所示的客厅装修平面图 2，并标注尺寸和文字。

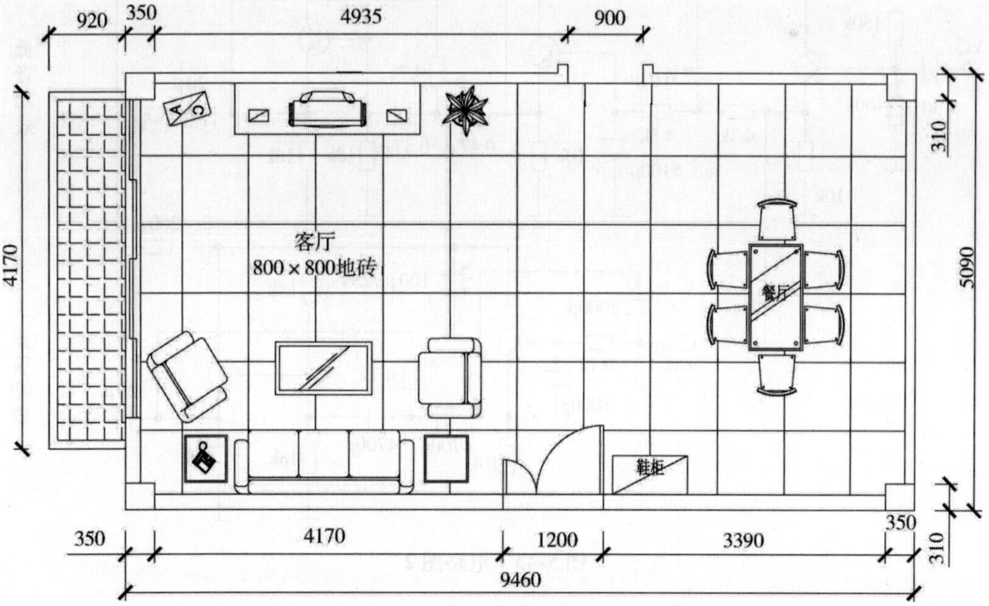

图 5-41　客厅装修平面图 2

【操作 5-21】绘制如图 5-42 所示的电路图 1，并标注文字。

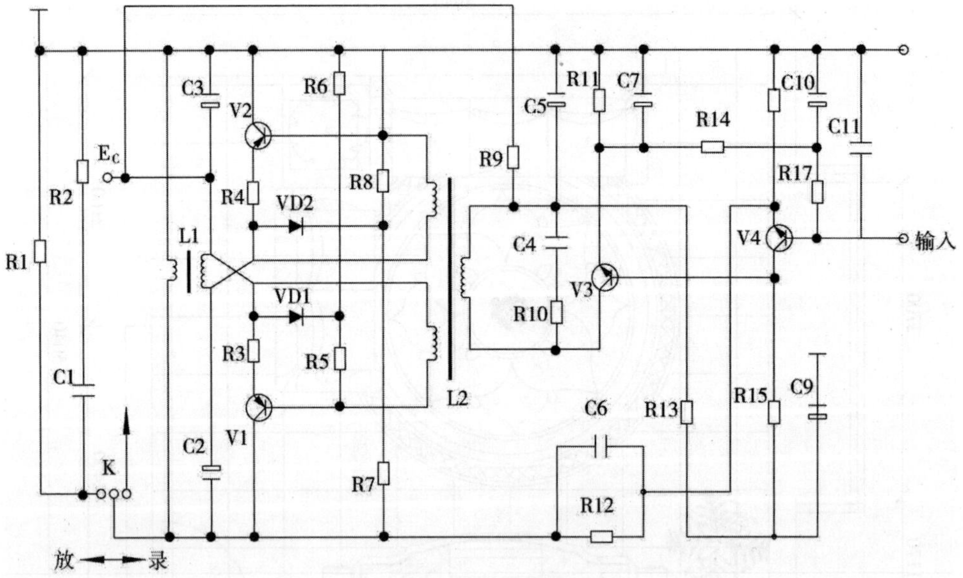

图 5-42　电路图 1

【操作 5-22】绘制如图 5-43 所示的电路图 2，并标注文字。

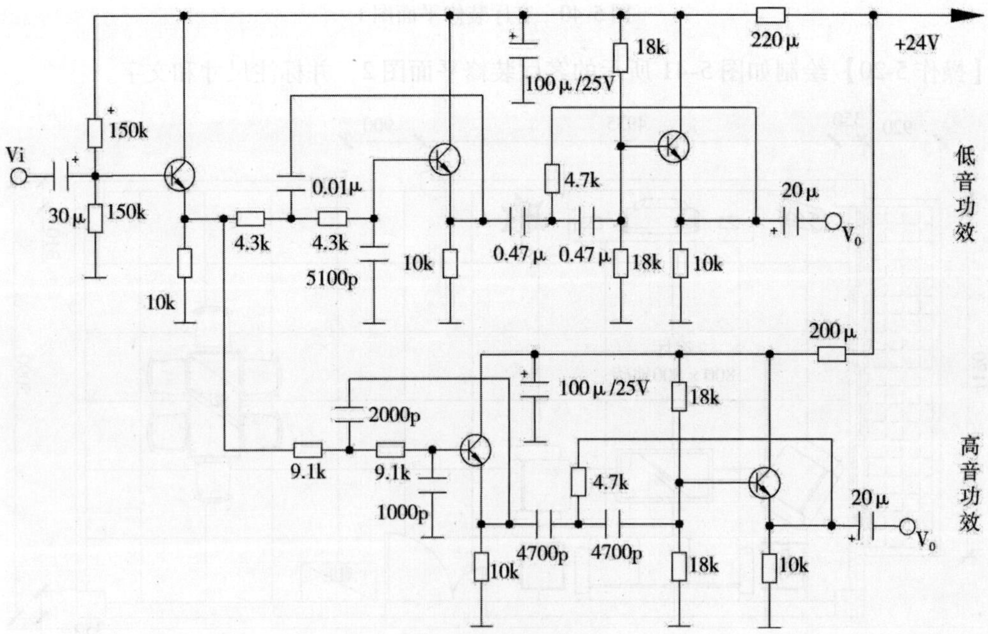

图 5-43　电路图 2

【操作 5-23】绘制如图 5-44 所示的车载手机充电器电路，并标注文字。

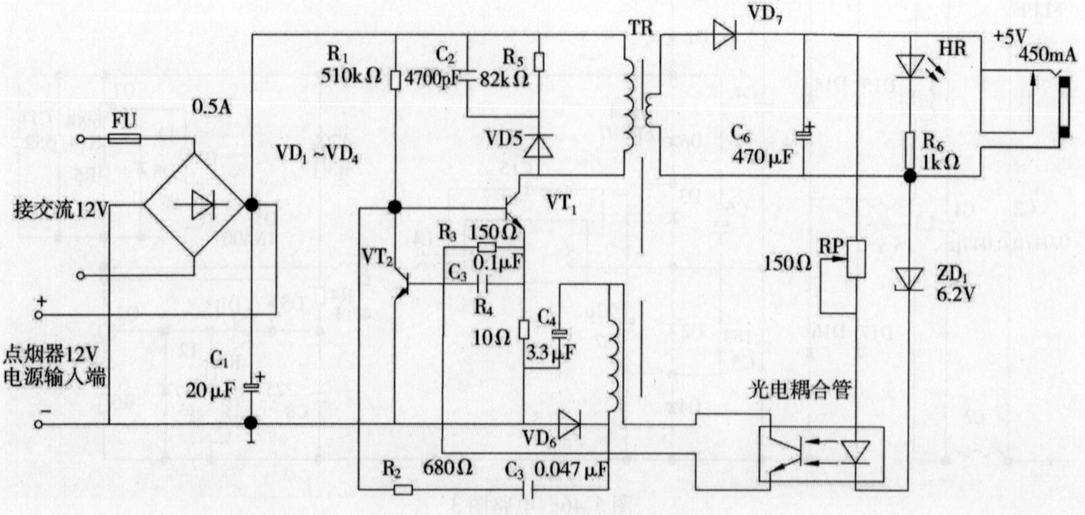

图 5-44 车载手机充电器电路

【操作 5-24】绘制如图 5-45 所示的电气控制图，并标注文字。

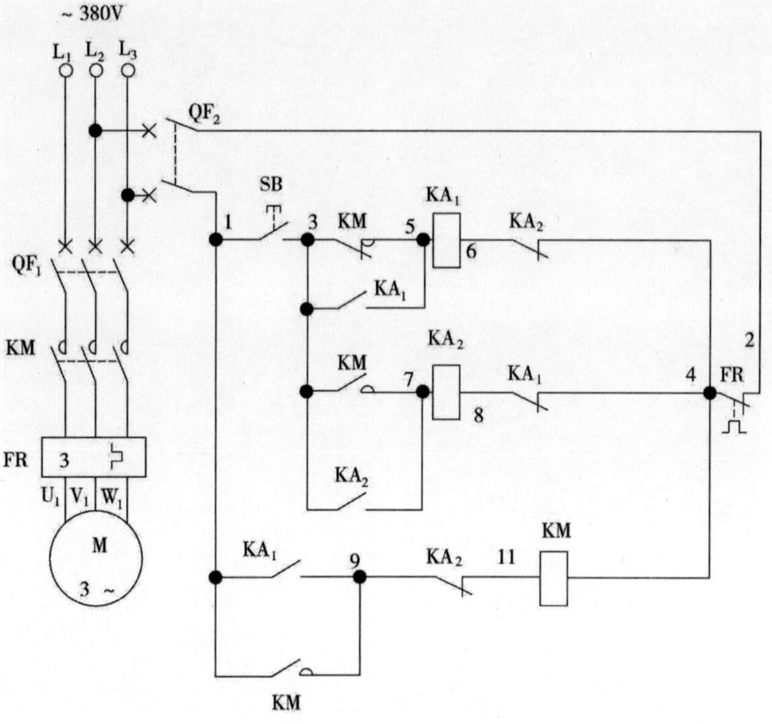

图 5-45 电气控制图

【操作 5-25】绘制如图 5-46 所示的电路图 3，并标注文字。

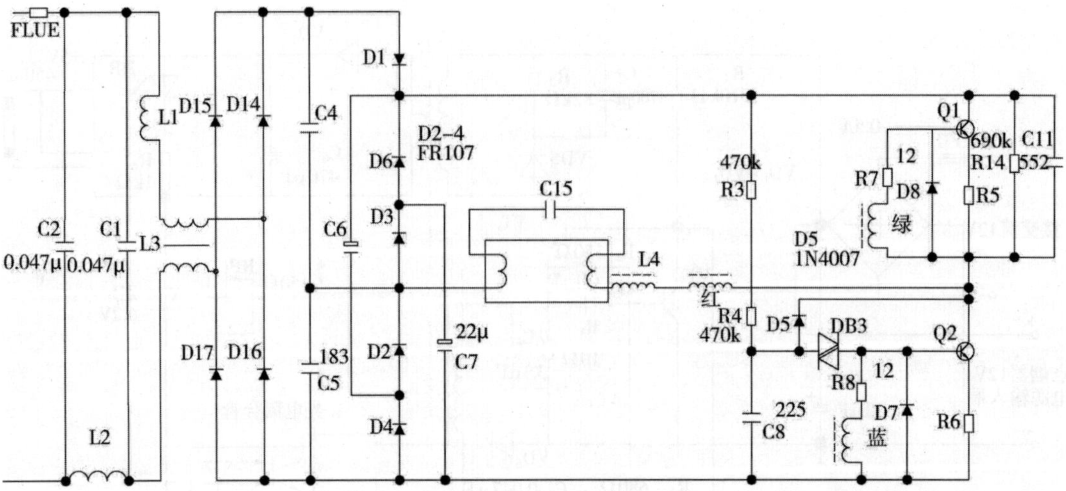
FLUE
C2
0.047μ
C1
0.047μ
L1
D15
D14
C4
L3
D17
D16
183
C5
L2
D1
D2–4
FR107
D6
D3
C6
22μ
C7
D2
D4
C15
L4
红
470k
R3
R4
470k
D5
DB3
225
C8
12
R8
D7
蓝
Q2
R6
Q1
690k
C11
R14
552
12
R7
D8
R5
绿
D5
1N4007

图 5-46　电路图 3

第6章　工程图形绘制

本章摘要

绘制更规范、更标准、更专业的工程图形，是我们学习 AutoCAD 的主要目的。通过本章的练习，用户应能更熟练地掌握复杂零件图、建筑平面图、立面图的绘制、编辑以及复杂尺寸、形位公差、引线尺寸的标注，以达到熟练绘制本专业和本行业的较复杂图形的目的。

本章要点

- 掌握复杂的、多视图零件的绘制与编辑。
- 熟练掌握各种复杂尺寸的标注，各种尺寸公差、形位公差和引线尺寸的标注。
- 掌握建筑平面图，立面图和装饰图的绘制与尺寸标注、标高标注和轴线标注。
- 熟练掌握规划图形的绘制与编辑。
- 全面掌握符合各个行业标准以及符合国家标准的图形绘制。

6.1　操作例题

【例 6-1】绘制如图 6-1 所示的轴的零件图。

操作方法：

- 单击“视图”选项卡｜“选项板”面板｜“设计中心”按钮，将样板图中需要的图层、文字样式、尺寸标注样式、多重引线样式等等插入到图形中来。

实训视频：轴的零件图的绘制

- 在“默认”选项卡｜“图层”面板中，将“中心线”层设置为当前图层。调用直线命令 LINE（命令别名“L”）绘制轴线和轴的左端面线。
- 单击“默认”选项卡｜“修改”面板｜“偏移”按钮，并设置偏移距离为 22.5，然后将轴线向上，向下各偏移一条出来，得到左边轴颈的轮廓线。用同样方法偏移出各段轴颈的轮廓线。
- 再次调用偏移命令，偏移出轴各段轴肩的轮廓线，选择偏移出来的各线段，再选择“默认”选项卡｜“图层”面板｜“图层下拉列表”中的“粗实线”图层，将偏移出来的各线段的图层修改为“粗实线”图层，结果如图 6-2 所示。

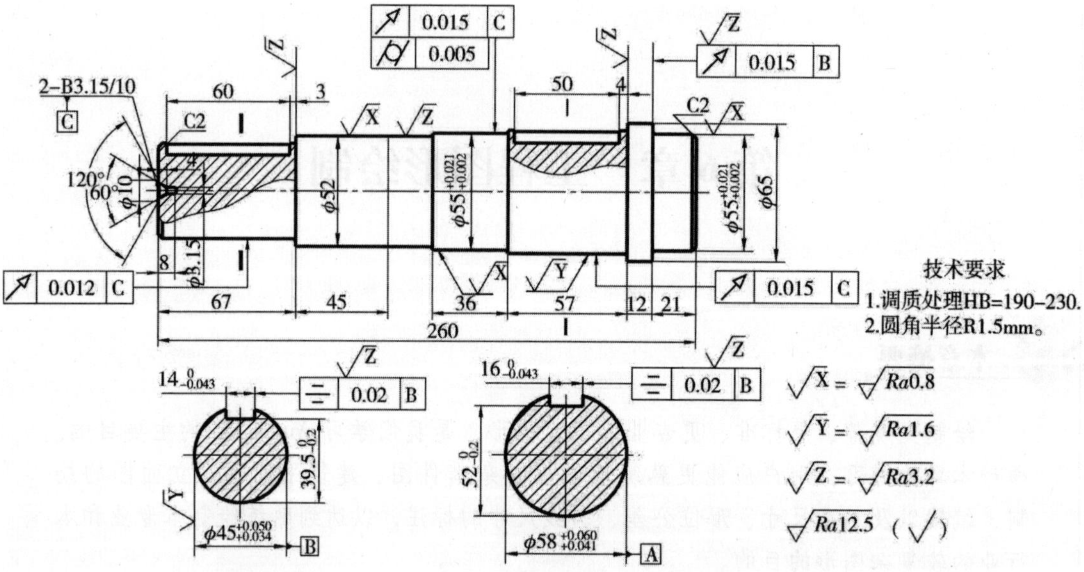

图 6-1　轴

• 将“粗实线”层设置为当前图层。单击“默认”选项卡｜“修改”面板｜“修剪”按钮，修剪出轴的轮廓，结果如图 6-3 所示。

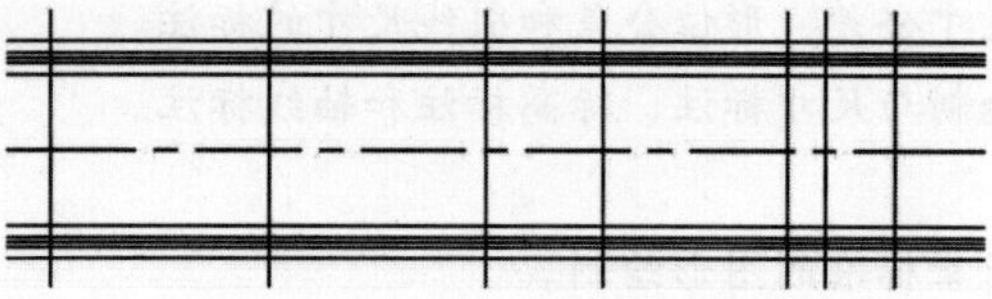

图 6-2　偏移各线段

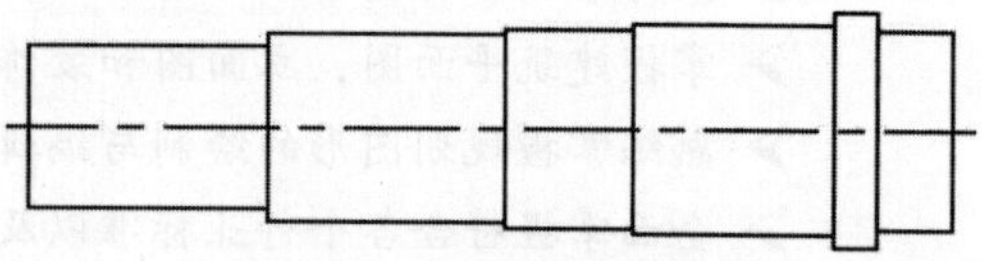

图 6-3　修剪出轴的轮廓

• 调用“倒角”命令（命令别名“CHA”），并输入“D”选择“距离”选项，设置两个距离都为 2，接着倒轴两端的 $C2$ 倒角。然后调用直线命令 LINE，绘制两端的倒角线。

• 调用“圆角”命令（命令别名“F”），并输入“T”选择“修剪”选项，设置该选项为“不修剪”方式，接着输入“R”选择“半径”选项，设置圆角半径为 1.5，然后倒各轴肩处的圆角。

• 单击“默认”选项卡｜“修改”面板｜“修剪”按钮，修剪掉各轴肩倒角处的多余线段。

• 单击“默认”选项卡｜“修改”面板｜“偏移”按钮，并设置偏移距离为 39.5，然后将左端轴段的下母线向上偏移出一条线，作为左端键槽的槽底线。用同样方法，偏移出左端轴段键槽的左右端线。然后调用“修剪”命令 TRIM（命令别名 TR），修剪出左端键槽的轮廓。

• 用同样方法绘制出右端键槽的轮廓，结果如图 6-4 所示。

• 调用偏移命令 OFFSET（命令别名“O”）和直线命令，绘制左端的 B 型中心孔，再调用修剪命令修剪出中心孔的轮廓。

• 将“细实线”层设置为当前图层。单击“默认”选项卡｜“绘图”面板｜“样条曲线拟合”按钮，在左边键槽处和右边键槽处绘制局部剖的分界线。

- 单击“默认”选项卡｜“绘图”面板｜“图案填充”按钮，在“图案填充创建”选项卡｜“图案”面板中选择“ANSI31”图案，在“特性”面板中设置“填充比例”为30，然后对键槽处的两个局部剖区域进行填充，结果如图6-5所示。

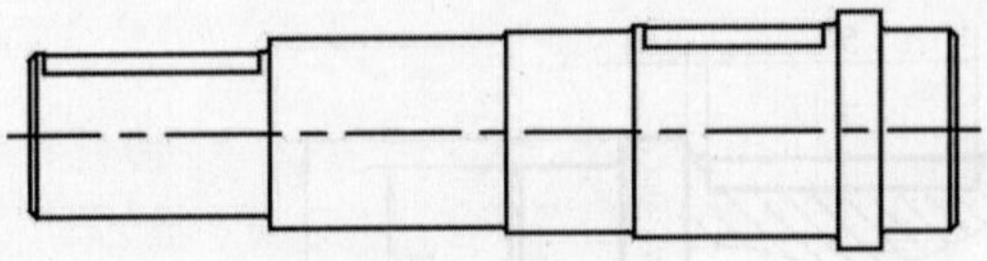

图6-4　绘制键槽

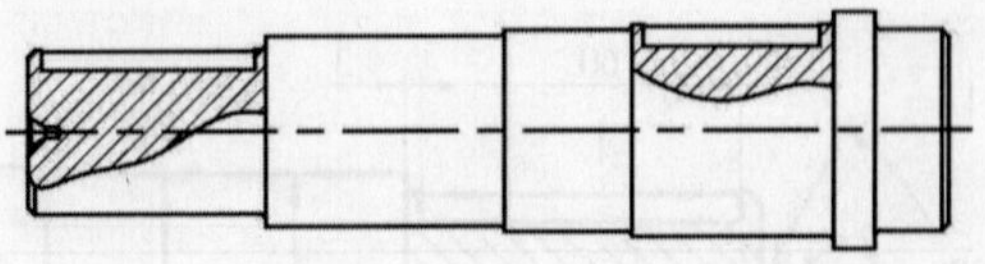

图6-5　绘制剖面线

- 将“粗实线”层设置为当前图层。单击“默认”选项卡｜“绘图”面板｜“多段线”按钮，在键槽的上面单击一点后，输入“W”选择“宽度”选项，并设置“起点宽度”和“终点宽度”都为0.6，绘制剖切符号。
- 将“中心线”层设置为当前图层，调用直线命令LINE，在轴的下面绘制两个键槽移出剖面的中心线。
- 将“粗实线”层设置为当前图层，调用圆命令CIRCLE（命令别名“C”）和偏移命令OFFSET（命令别名“O”），绘制下面键槽处的剖面轮廓。接着调用修剪命令TRIM（命令别名“TR”）修剪出轮廓。
- 将“细实线”层设置为当前图层。单击“默认”选项卡｜“绘图”面板｜“图案填充”按钮，用同样方法，填充移出剖面处的剖面线，结果如图6-6所示。

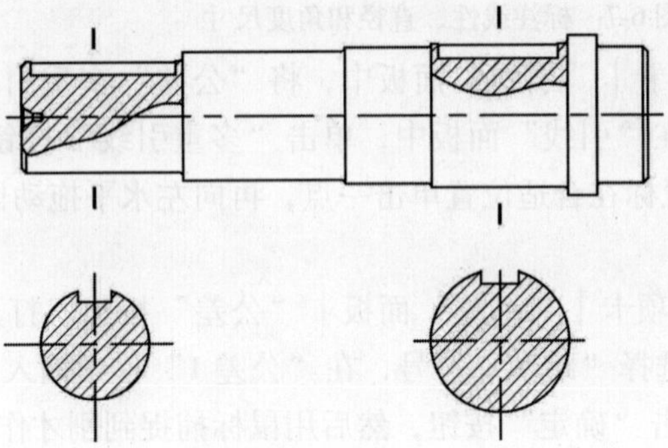

图6-6　绘制移出剖面

- 将“尺寸”层设置为当前图层，在“注释”选项卡｜“标注”面板中，将“5号(直径)”标注样式设置为当前样式。然后单击该组件中的“标注”按钮，标注各不带公差的直径尺寸。
- 再次单击“标注”按钮，并捕捉到ϕ55轴径的两点后，在提示下输入“M”选择“多行文字”选项，打开“多行文字编辑器”，在其中输入“ϕ55 +0.021^+0.002”，接着选中须堆叠的部分“ +0.021^+0.002”，然后单击该编辑器面板中“格式”面板中的“堆叠”按钮，堆叠出公差。最后用鼠标将该尺寸放置在合适位置单击，完成该尺寸的标注。
- 用同样方法标注出其他带公差的直径尺寸。

● 在“注释”选项卡｜“标注”面板中，将“5号（线性）”标注样式设置为当前样式。单击该组件中的“标注”按钮和“连续”按钮，用同样方法标注各线性尺寸。

● 将“5号（角度）”标注样式设置为当前样式。单击该组件中的“角度”按钮，标注左端顶尖孔处的角度尺寸，结果如图6-7所示。

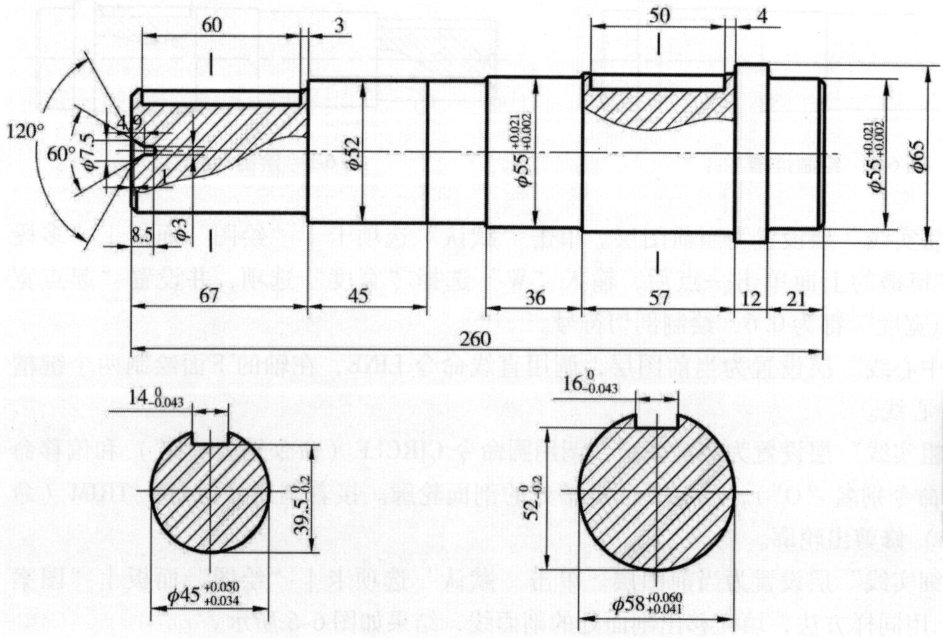

图6-7 标注线性、直径和角度尺寸

实训视频：
轴零件图的尺寸
标注与文字标注

● 在“注释”选项卡｜“引线”面板中，将“公差”多重引线样式设置为当前样式，并打开“正交”方式。在“引线”面板中，单击“多重引线”按钮，在左端轴径表面上单击一点，接着向下拖动鼠标在合适位置单击一点，再向左水平拖动鼠标在合适位置单击，得到一条公差引线。

● 单击“注释”选项卡｜“标注”面板｜“公差”按钮，打开“形位公差”对话框，在“符号”框中单击，选择“跳动”符号，在“公差1”框中输入“0.012”，在“基准1”框中输入“C”，接着单击“确定”按钮，然后用鼠标捕捉到刚才作的公差引线的根部单击，完成该形位公差的标注。

● 用同样方法标注其他的形位公差符号。

● 将“倒角”多重引线样式设置为当前样式。单击“多重引线”工具栏｜“多重引线”按钮，在“指定引线箭头的位置……”提示下，用鼠标捕捉到轴端倒角处单击，在“指定下一点:”的提示下，将鼠标拖动到合适位置单击，在“指定引线基线的位置:”的提示下，将鼠标水平向右拖动一小段并单击，这时打开“多行文字编辑器”，在其中输入“C2”，并单击“确定”按钮，完成倒角的标注。用同样方法标注其他倒角。

● 将“引线”多重引线样式设置为当前样式。单击“注释”选项卡｜“引线”面板｜“多重引线”按钮，标注左端的顶尖孔“2-B3.15/10”，结果如图6-8所示。

● 单击“视图”选项卡｜“选项板”面板｜“设计中心”命令，将样板图里面已经

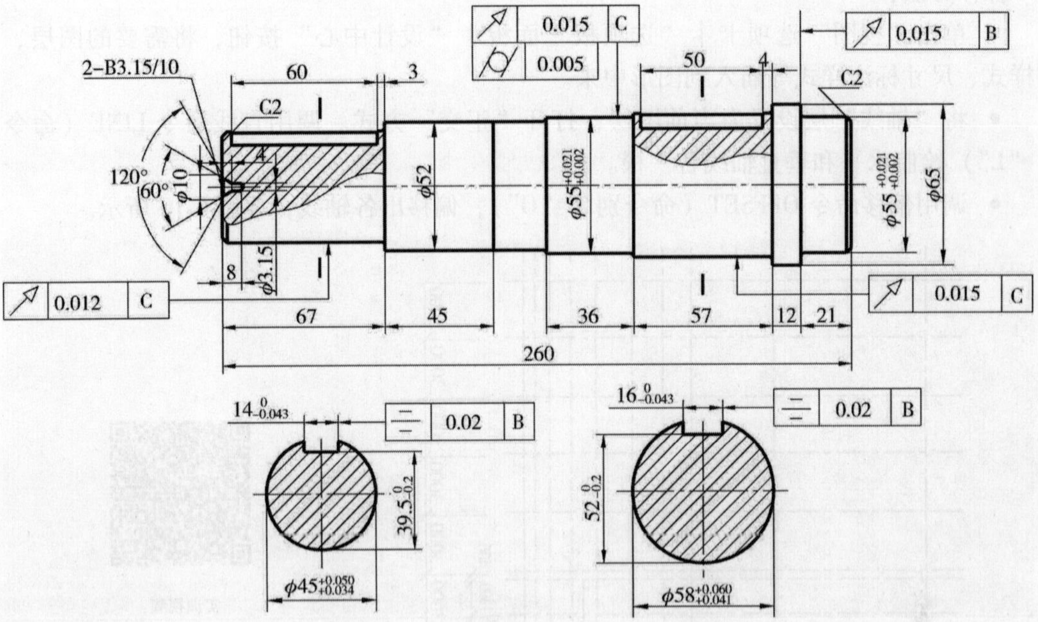

图 6-8 标注形位公差和顶尖符号

定义好的带属性的粗糙度符号块和基准符号块插入到图形中的合适位置。

- 将"标注 2"文字样式设置为当前样式，单击"注释"选项卡｜"文字"面板｜"单行文字"命令，设置文字高度分别为 10 和 7，标注技术要求的文字。用同样方法标注其他文字。
- 单击"标注"工具栏｜"编辑标注文字"按钮，调整某些标注尺寸的位置，以使它们间隔合适。结果如图 6-1 所示。

【例 6-2】绘制如图 6-9 所示的小高层建筑立面图。

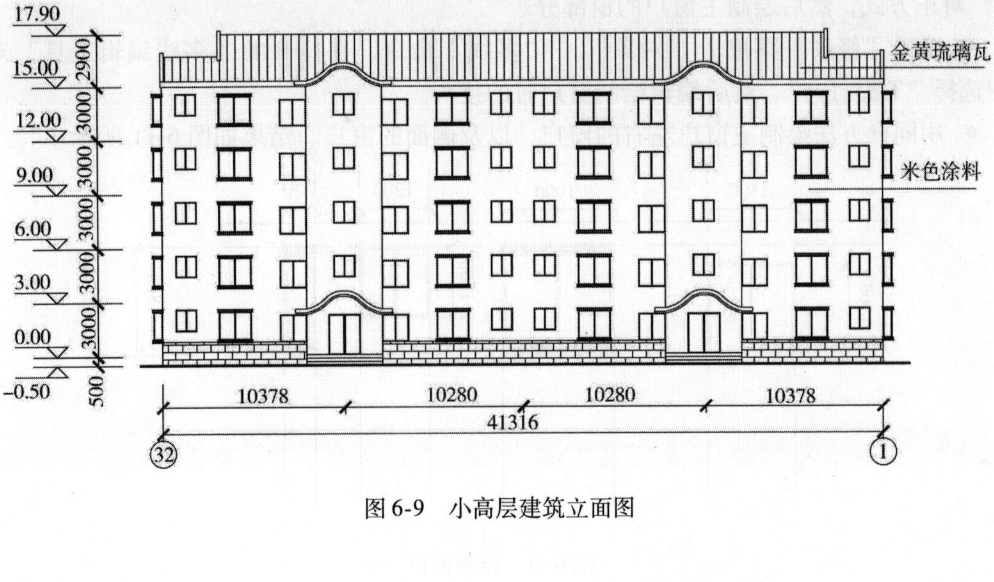

图 6-9 小高层建筑立面图

操作方法：

● 单击“视图”选项卡｜“选项板”面板｜“设计中心”按钮，将需要的图层、文字样式、尺寸标注样式等插入到图形中来。

● 将“轴线”层设置为当前图层，打开“正交”方式。调用直线命令 LINE（命令别名“L”）绘制水平和垂直轴线各一根。

● 调用偏移命令 OFFSET（命令别名“O”），偏移出各轴线，如图 6-10 所示。

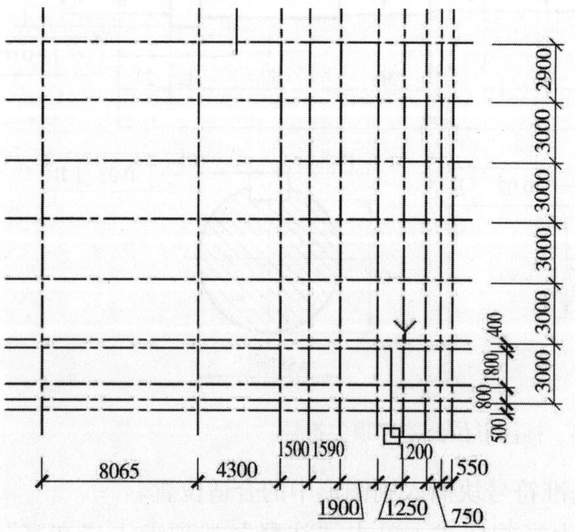

图 6-10　绘制轴线

实训视频：
建筑立面图的绘制
与尺寸标注

● 将“窗”层设置为当前图层。调用矩形命令（命令别名 REC），在提示下输入“W”选择“宽度”选项，设置矩形线宽为 40，绘制主窗户的窗檐和窗台。

● 调用多线命令（命令别名 ML），在“指定起点……”的提示下输入“S”选择“比例”选项，设置比例为 40；再在提示下输入“J”选择“对正”选项，输入“B”选择“下”对正方式，然后绘制主窗户的窗部分。

● 选择“修改”菜单｜“对象”｜“多线”命令，在打开的“多线编辑工具”对话框中选择“T 型打开”，然后编辑绘制窗户时的接头。

● 用同样方法绘制主窗户左右的窗户，以及侧面的窗户。结果如图 6-11 所示。

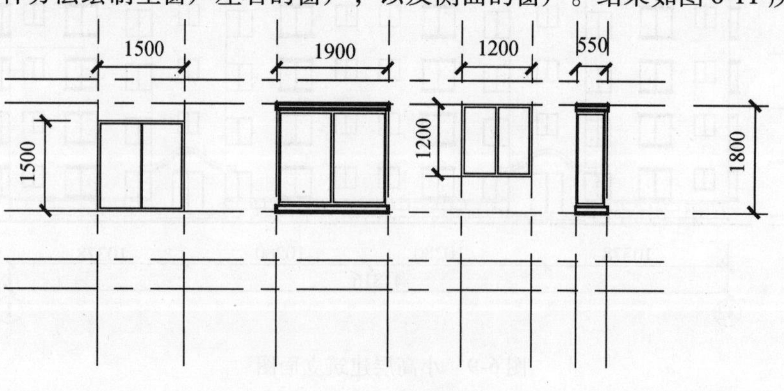

图 6-11　绘制窗户

• 将“墙线”层设置为当前图层。调用直线命令（命令别名 L），绘制各墙线和门厅等。

• 将“门”层设置为当前图层，调用多线命令（命令别名 ML），设置比例为 40，绘制门厅处的门，结果如图 6-12 所示。

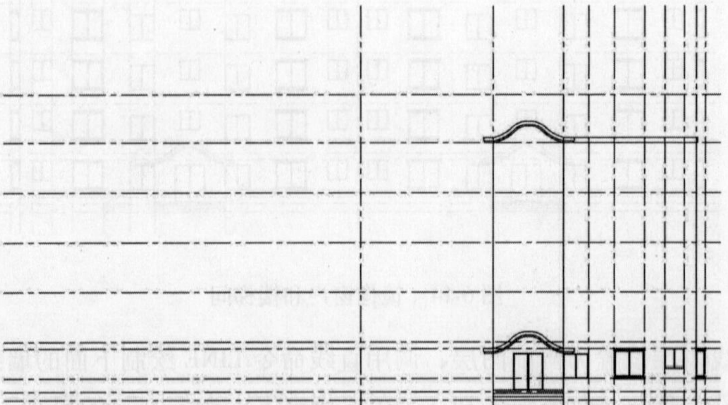

图 6-12　绘制门厅处的门

• 选择“默认”选项卡｜“修改”面板｜“阵列”｜“矩形阵列”命令，设置列数为 1，设置行数为 5，行间距为 3000，将绘制的窗户向上阵列出右面的窗户。

• 选择“默认”选项卡｜“修改”面板｜“复制”命令，将最右边那排窗户复制到楼梯间，结果如图 6-13 所示。

图 6-13　绘制楼梯间

• 选择“默认”选项卡｜“修改”面板｜“镜像”命令，将楼梯间右面的窗户镜像到楼梯间左面。再次调用“镜像”命令，将右面的全部窗户和楼梯间镜像到左面，结果如图 6-14 所示。

图6-14　镜像窗户和楼梯间

- 将“墙线”层设置为当前图层，调用直线命令LINE绘制下面的墙线。
- 调用多段线命令（命令别名PL），在“指定下一点……”的提示下输入“W”选择“宽度”选项，设置起点和终点的宽度都为100，然后绘制地平线。
- 将“屋面”层设置为当前图层。调用直线命令LINE绘制右半部分屋面。然后调用镜像命令（命令别名MI），将右半的屋面镜像到左边。结果如图6-15所示。

图6-15　绘制屋面

- 将“轴线”层冻结，将“填充”层设置为当前层。选择“默认”选项卡|“绘图”面板|“图案填充”命令，在显示的“图案填充创建”选项卡|“图案”面板中选择“ANS31”图案；在“特性”面板|“角度”中设置为45度，同时，在“填充图案比例”中设置比例为150，然后用鼠标在上面屋顶区域单击一点，填充屋顶的瓦面。同样，选择“AR—B816”图案，设置比例为2，填充下部的砖墙图案，结果如图6-16所示。

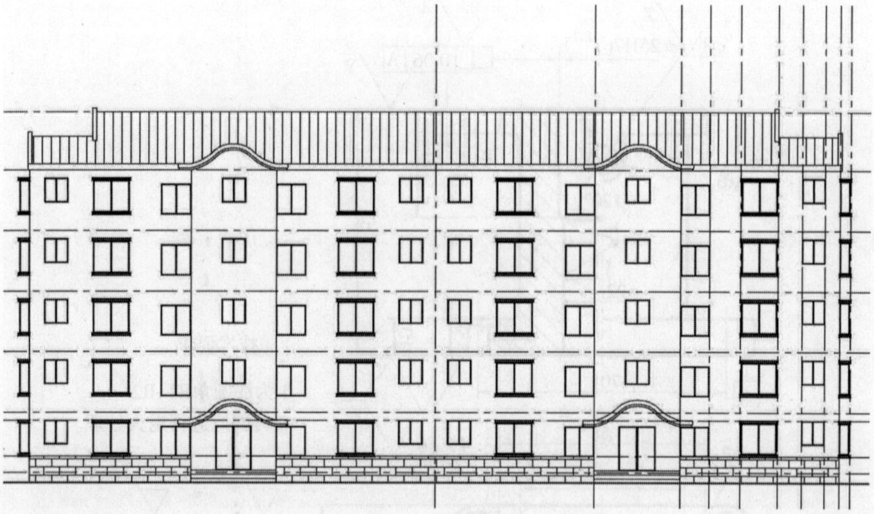

图 6-16　填充图案

• 将“尺寸”层设置为当前图层。选择“注释”选项卡｜“标注”面板｜“线性”命令和“连续”标注各尺寸。

• 选择“视图”选项卡｜“选项板”面板｜“设计中心”命令，打开“设计中心”面板，在右边的“控制板”区｜“块”图标上双击，显示下一级，在需要的标高符号上右击，在弹出的菜单中选择“插入块”选项，打开“插入”对话框，将“比例”设置为 200，然后单击“确定”按钮，在左边最上面的尺寸线上面单击一点，在弹出的“编辑属性”对话框中将属性值设置为“17. 90”，并单击“确定”，插入标高符号。以此类推，插入其他标高符号。

• 用同样方法插入轴线标记。

• 将“轴线”图层冻结，将“文字”层设置为当前图层。调用单行文字命令（命令别名 DT），标注文字，结果如图 6-9 所示。

6.2　上机操作题

【操作 6-1】绘制如图 6-17 所示的支架，并标注尺寸和文字。

【操作 6-2】绘制如图 6-18 所示的棘轮，并标注尺寸和文字。

【操作 6-3】绘制如图 6-19 所示的箱体，并标注尺寸和文字。

【操作 6-4】绘制如图 6-20 所示的链轮，并标注尺寸和文字。

【操作 6-5】绘制如图 6-21 所示的手轮，并标注尺寸和文字。

【操作 6-6】绘制如图 6-22 所示的大锥齿轮，并标注尺寸和文字。

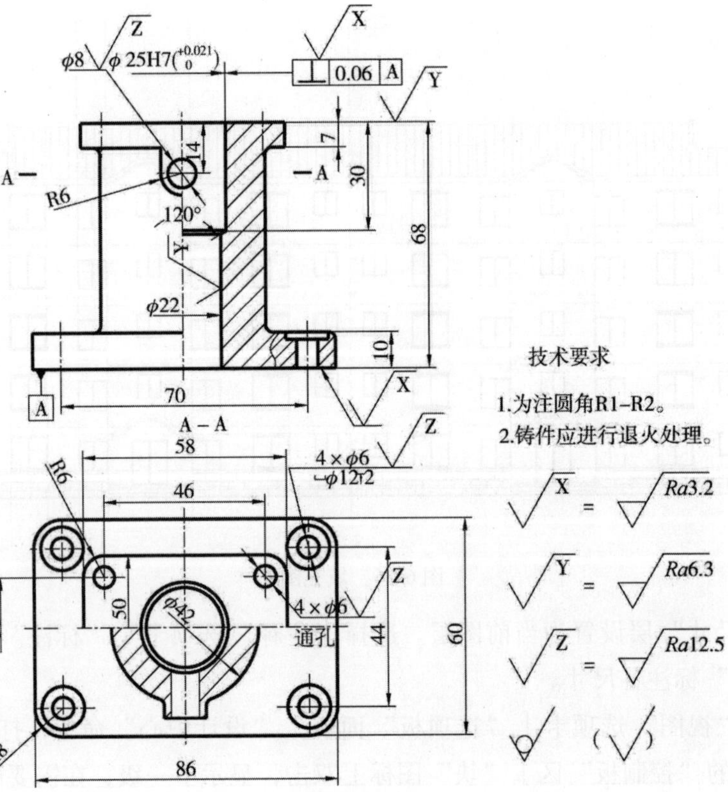

图 6-17　支架

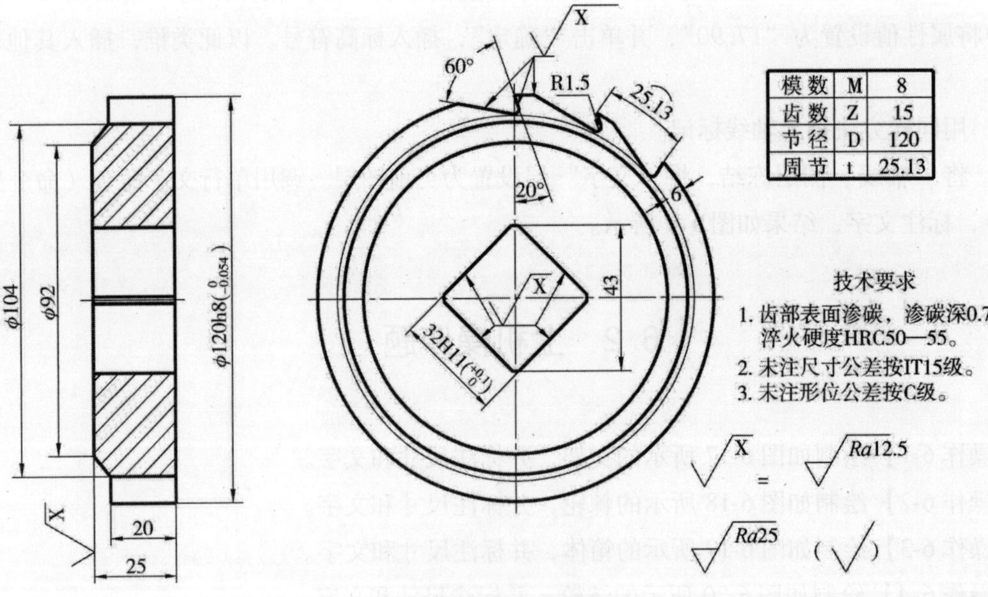

模数	M	8
齿数	Z	15
节径	D	120
周节	t	25.13

图 6-18　棘轮

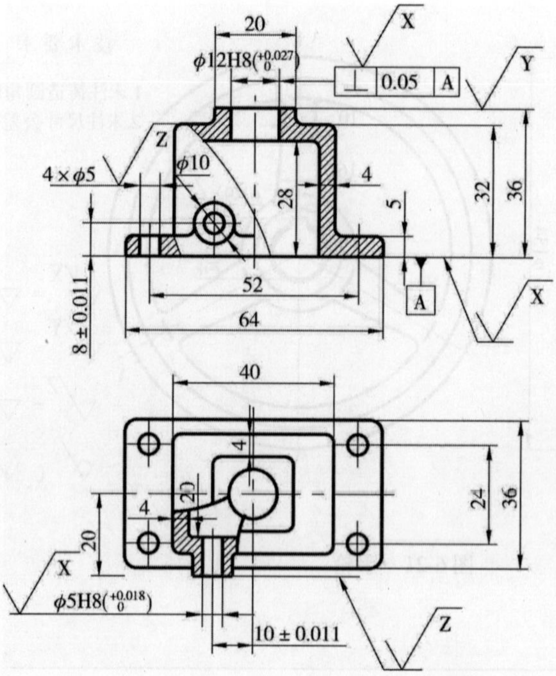

技术要求

1.未注圆角*R*1–*R*3。

2.铸件应进行退火处理。

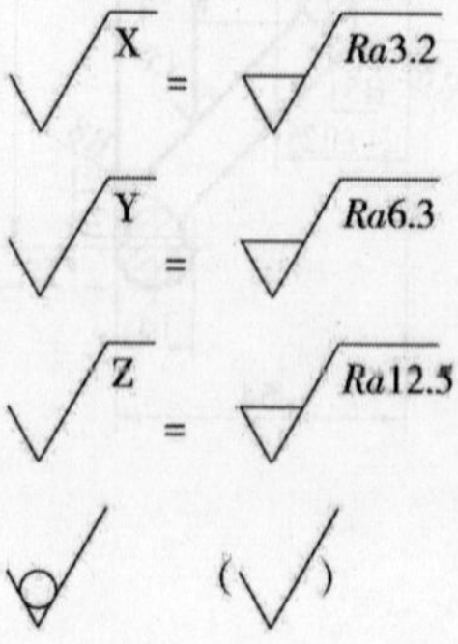

图 6-19　箱体

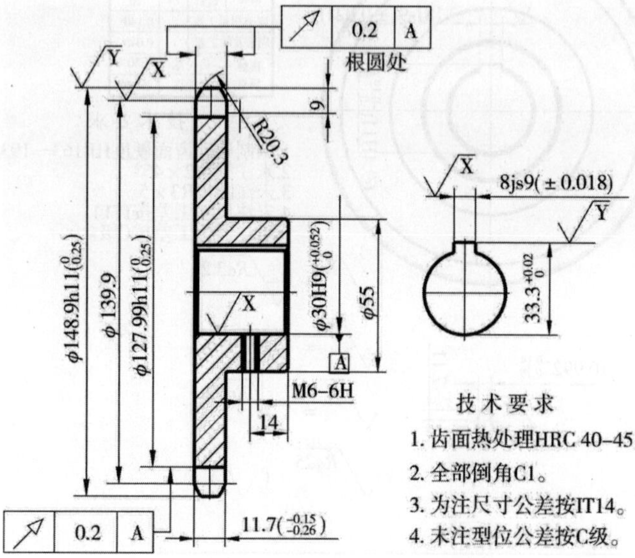

节距	f	19.05
滚子半径	d	11.91
齿数	Z	23
节数	D	139.90
齿顶圆	De	148
齿根圆	Di	127.99
齿根距离	Lx	127.67
齿形	按GB1244—76制造	

技术要求

1. 齿面热处理HRC 40–45。
2. 全部倒角C1。
3. 为注尺寸公差按IT14。
4. 未注型位公差按C级。

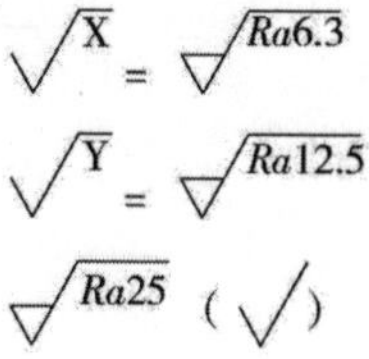

图 6-20　链轮

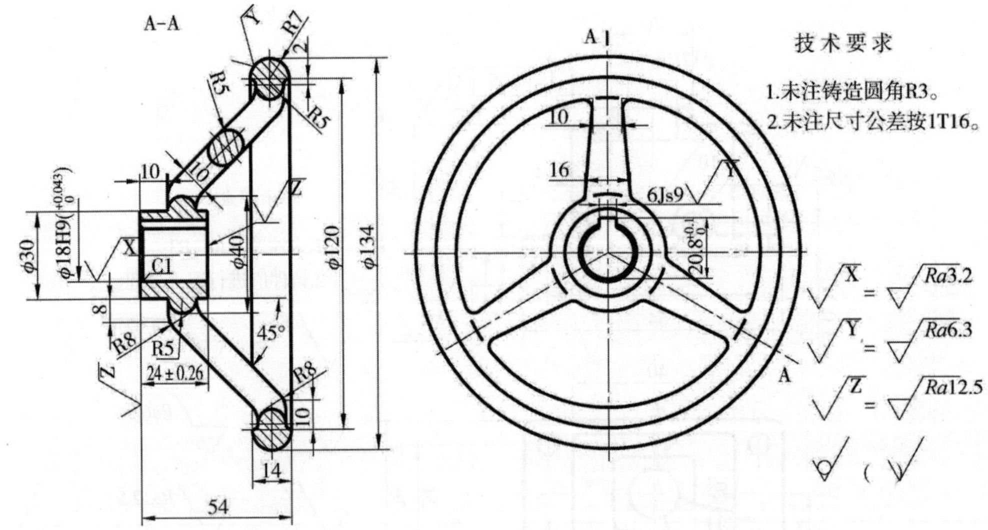

图 6-21　手轮

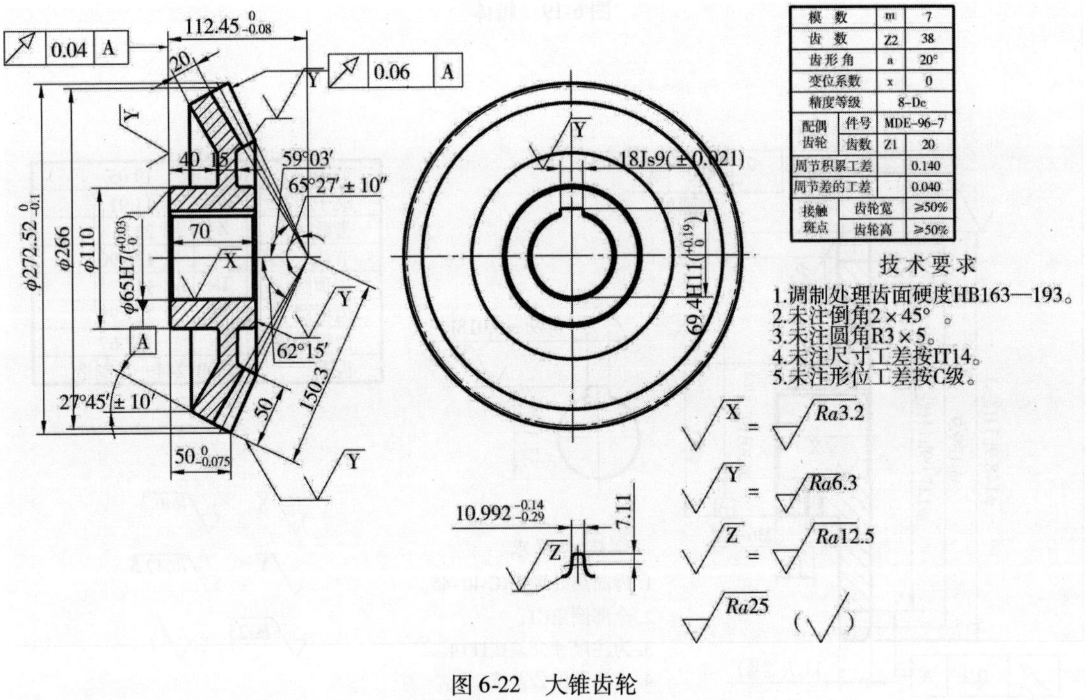

图 6-22　大锥齿轮

【操作 6-7】绘制如图 6-23 所示的曲轴，并标注尺寸和文字。

【操作 6-8】绘制如图 6-24 所示的锥齿轮轴，并标注尺寸和文字。

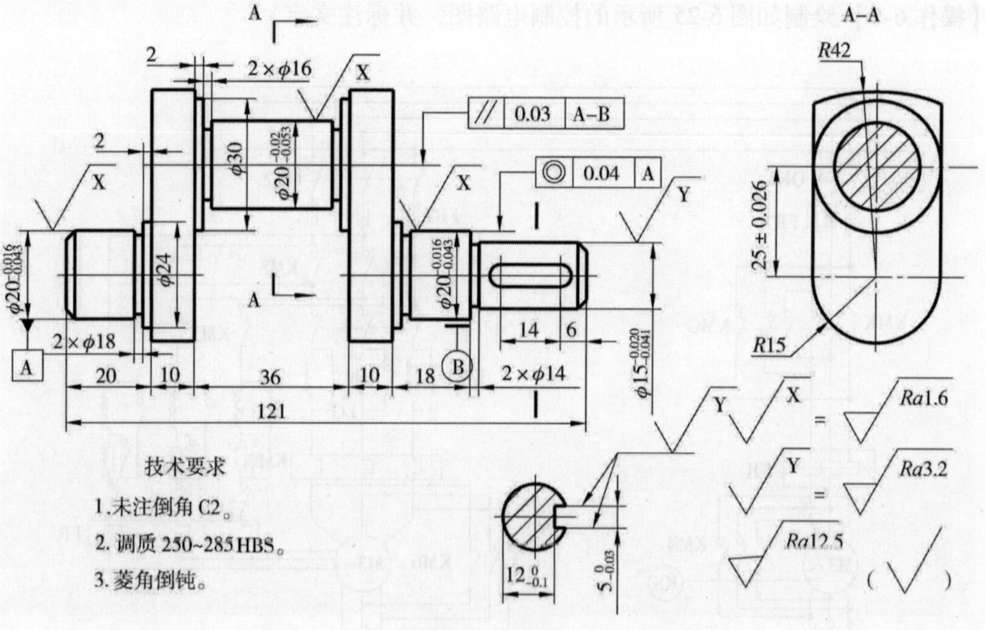

技术要求

1.未注倒角 C2。

2. 调质 250~285 HBS。

3. 菱角倒钝。

图 6-23 曲轴

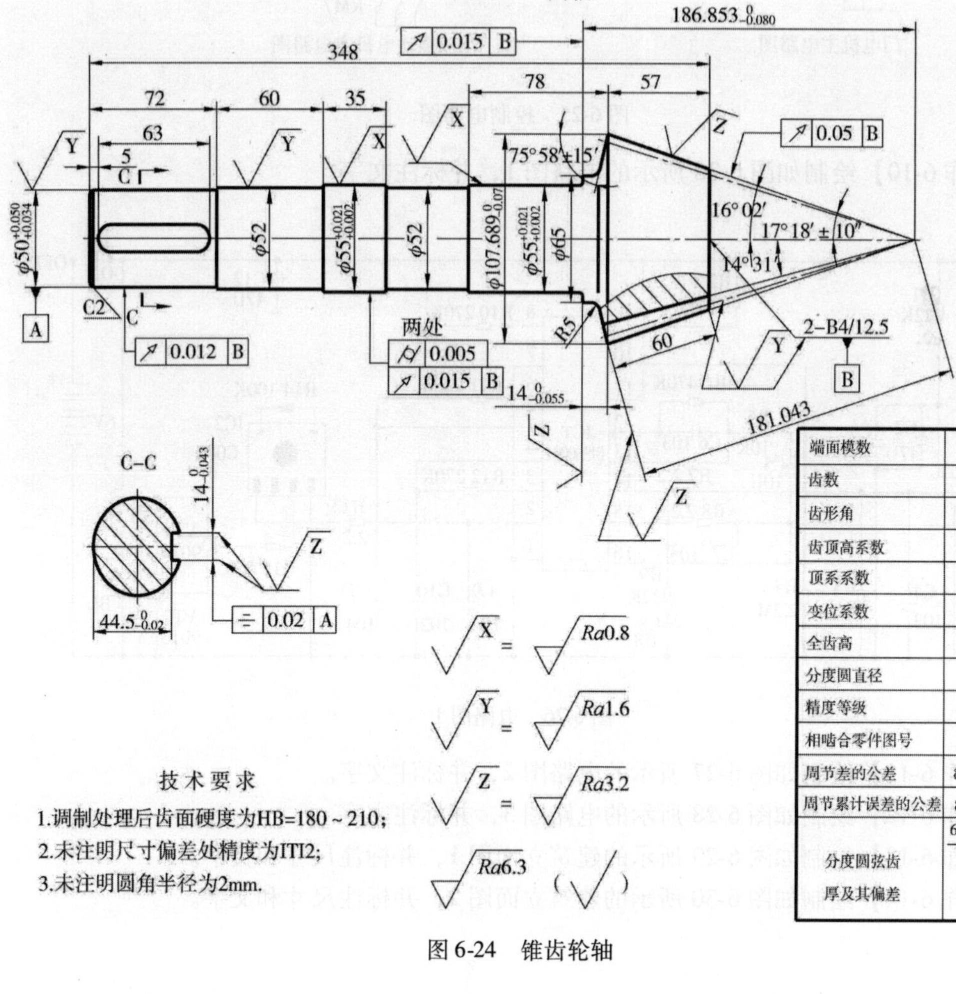

端面模数	mt	4
齿数	z	25
齿形角	α	20
齿顶高系数	ha	1
顶系系数	c	0.2
变位系数	x	0
全齿高	h	8.8
分度圆直径	d	100
精度等级	级8–Dc	
相啮合零件图号	30	
周节差的公差	δtΣ	0.100
周节累计误差的公差	δt	0.030
分度圆弦齿厚及其偏差	$6.279^{-0.095}_{-0.200}$	

技术要求

1.调制处理后齿面硬度为HB=180～210;

2.未注明尺寸偏差处精度为ITI2;

3.未注明圆角半径为2mm.

图 6-24 锥齿轮轴

【操作6-9】绘制如图6-25所示的控制电路图，并标注文字。

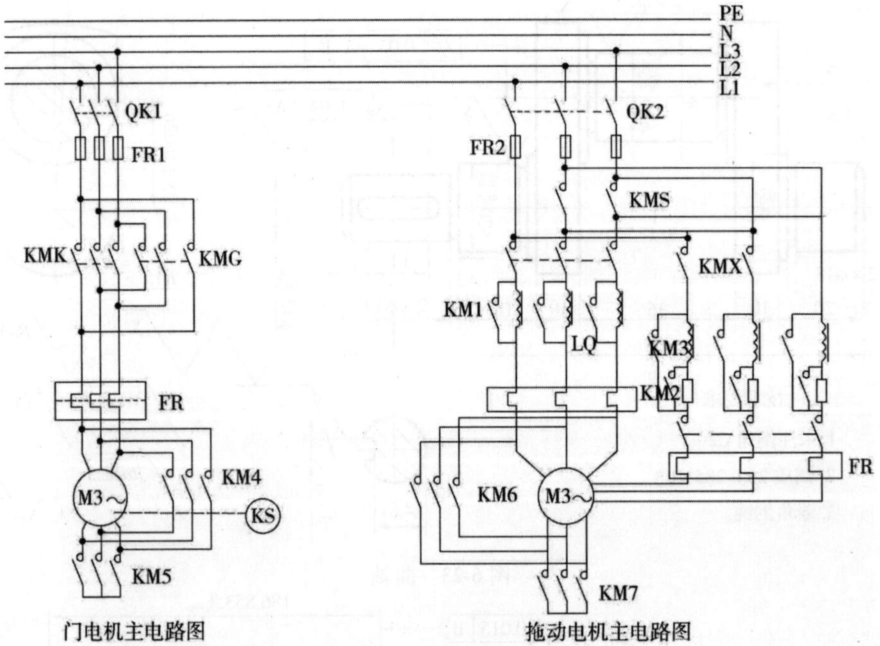

图6-25　控制电路图

【操作6-10】绘制如图6-26所示的电路图1，并标注文字。

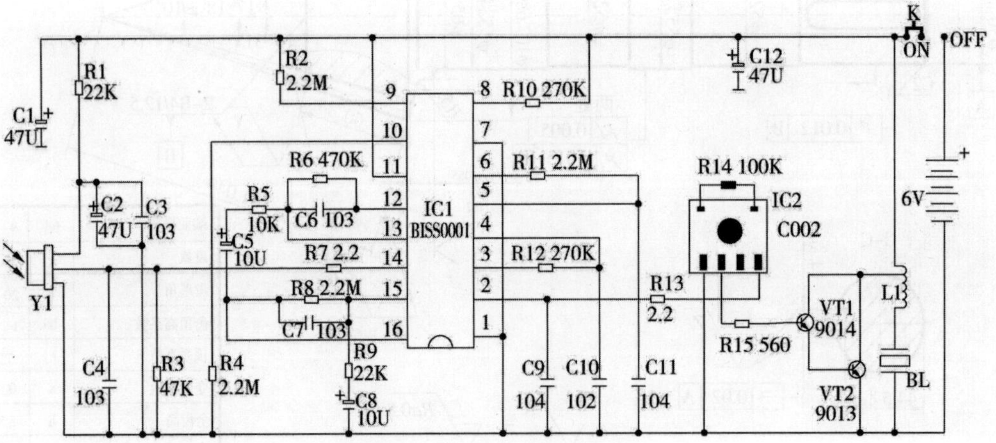

图6-26　电路图1

【操作6-11】绘制如图6-27所示的电路图2，并标注文字。

【操作6-12】绘制如图6-28所示的电路图3，并标注文字。

【操作6-13】绘制如图6-29所示的建筑立面图1，并标注尺寸和文字。

【操作6-14】绘制如图6-30所示的建筑立面图2，并标注尺寸和文字。

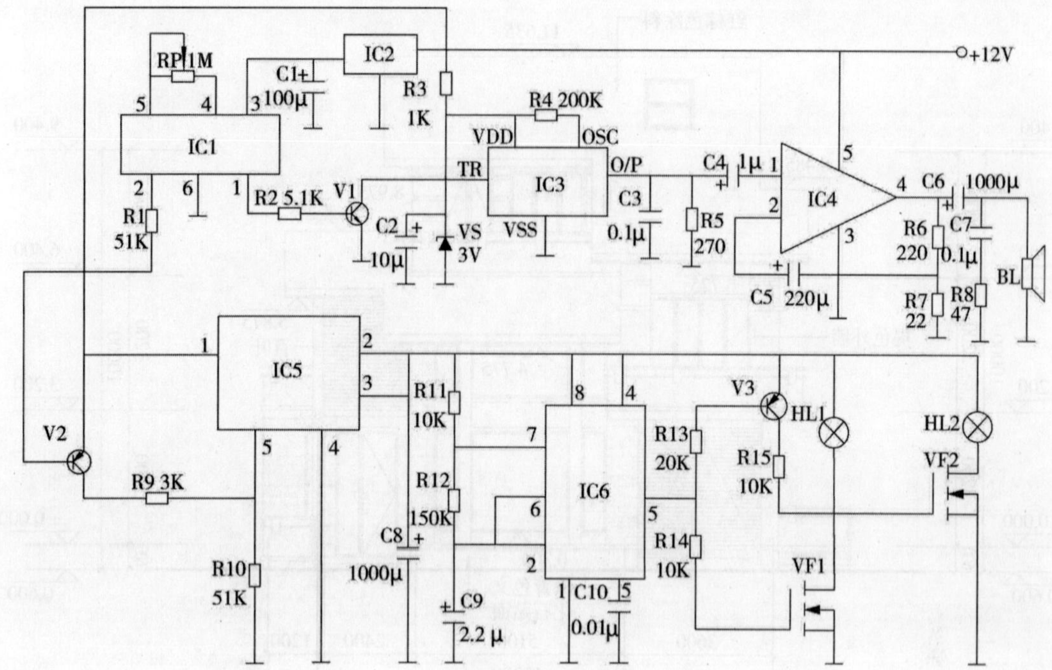

图 6-27　电路图 2

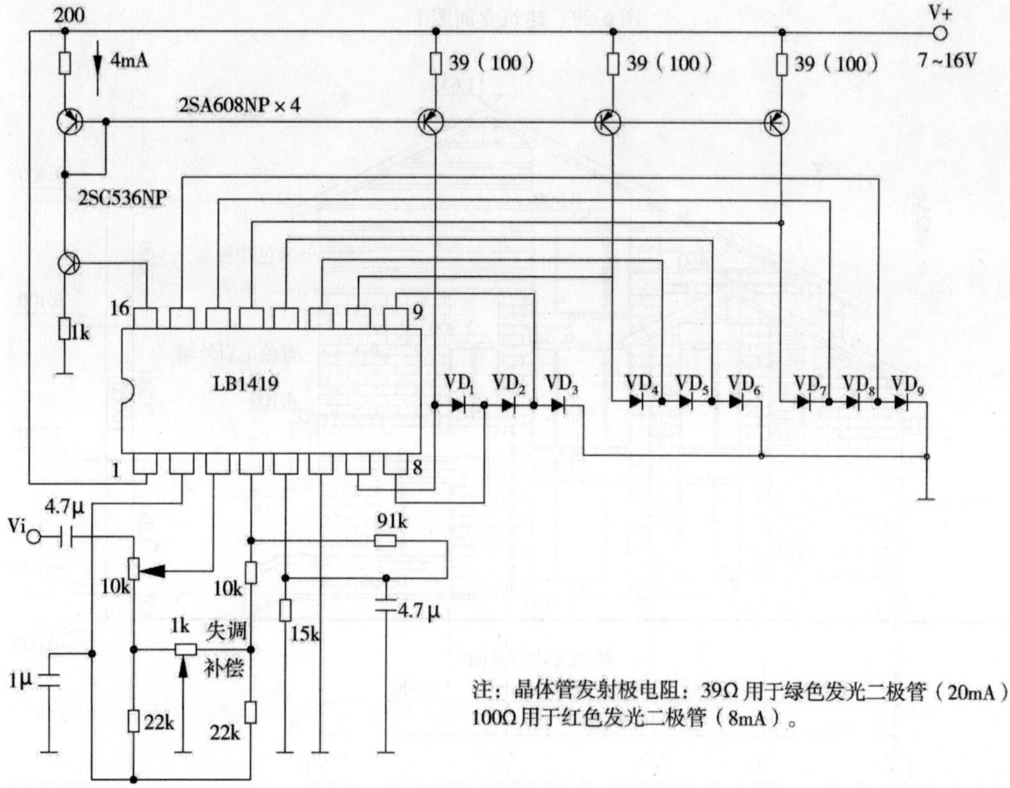

图 6-28　电路图 3

注：晶体管发射极电阻：39Ω 用于绿色发光二极管（20mA）；100Ω 用于红色发光二极管（8mA）。

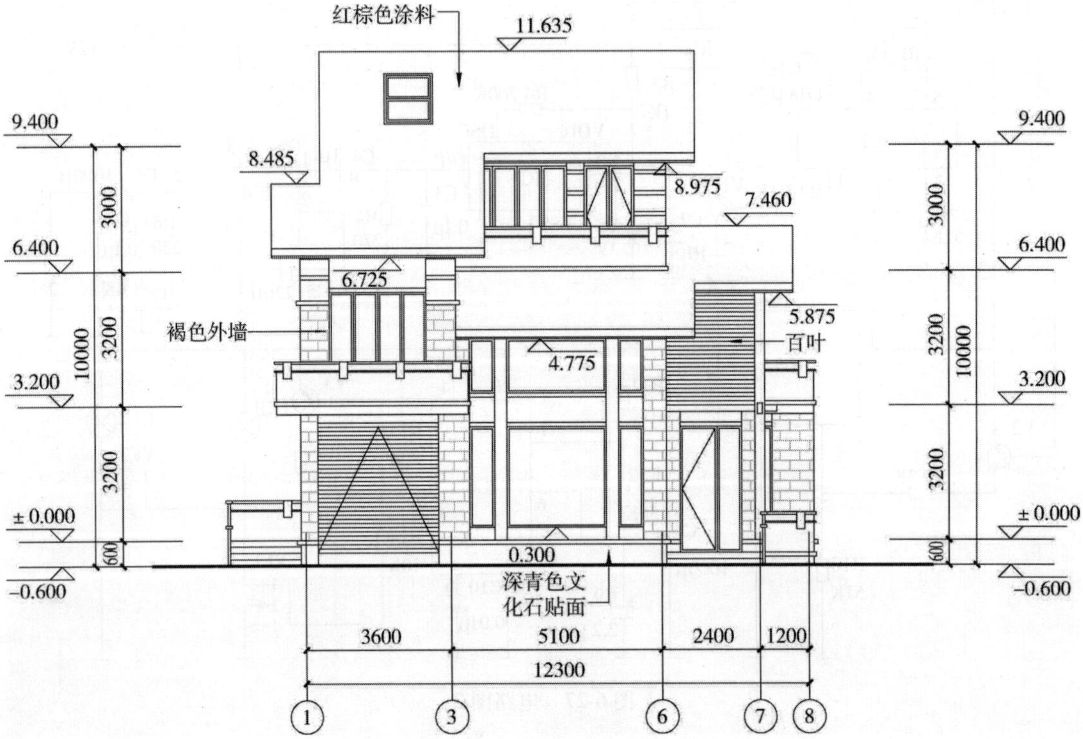

图 6-29　建筑立面图 1

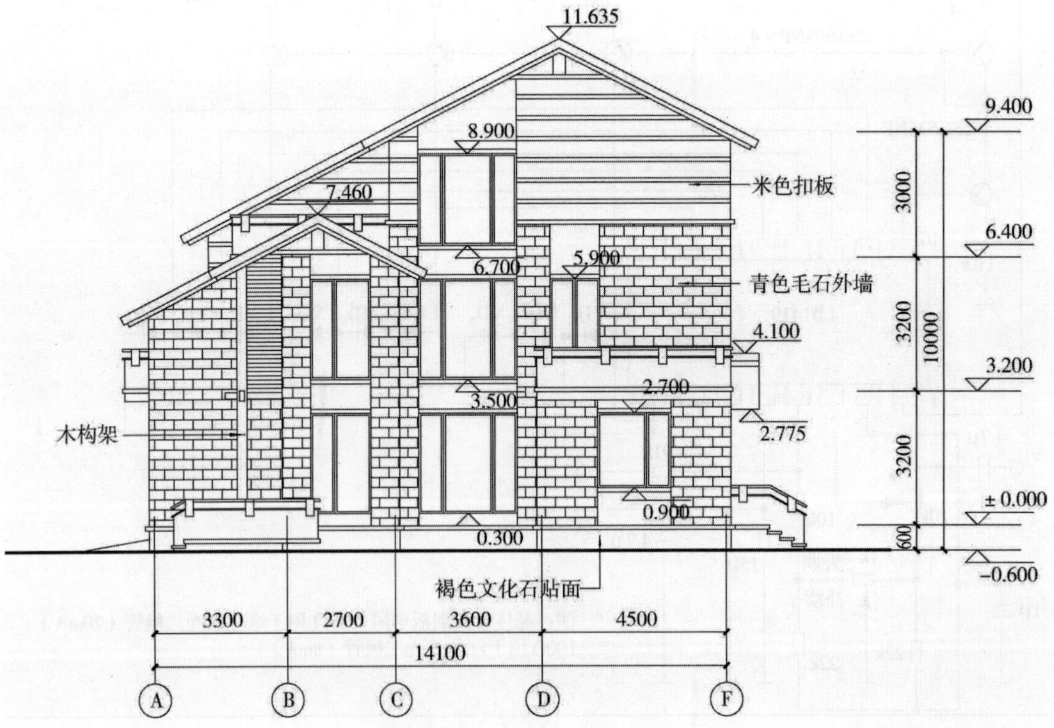

图 6-30　建筑立面图 2

【操作 6-15】绘制如图 6-31 所示的建筑立面图 3，并标注尺寸和文字。

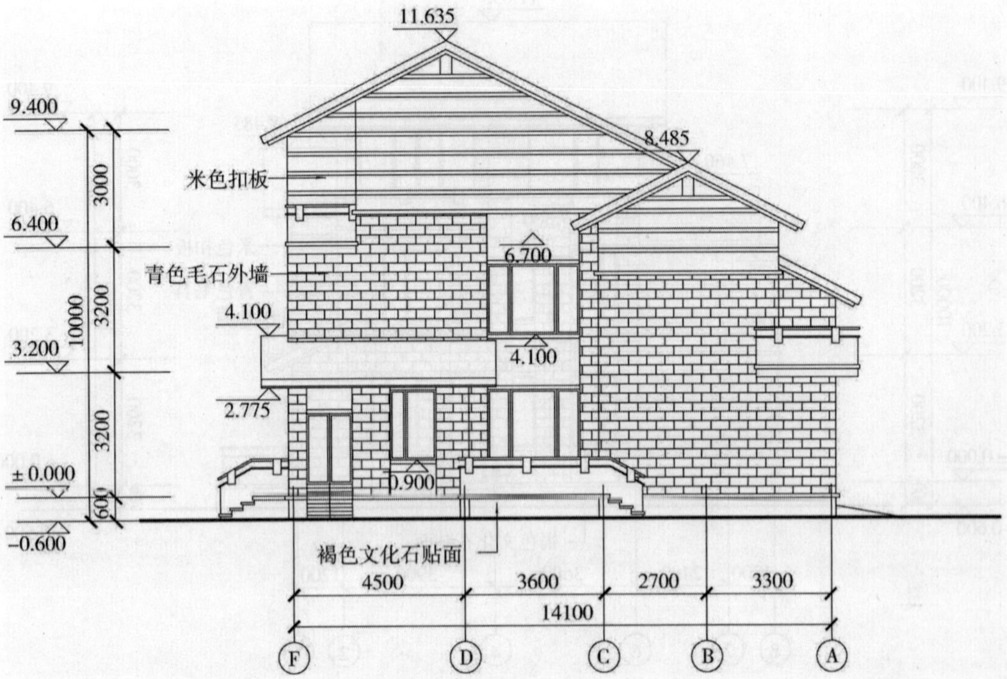

图 6-31　建筑立面图 3

【操作 6-16】绘制如图 6-32 所示的建筑立面图 4，并标注尺寸和文字。

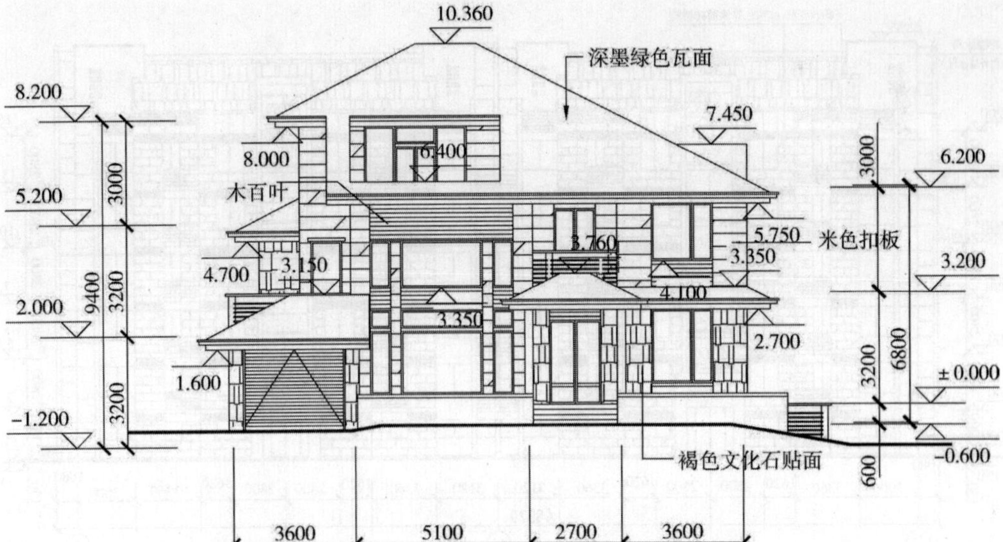

图 6-32　建筑立面图 4

【操作 6-17】绘制如图 6-33 所示的建筑立面图 5，并标注尺寸和文字。

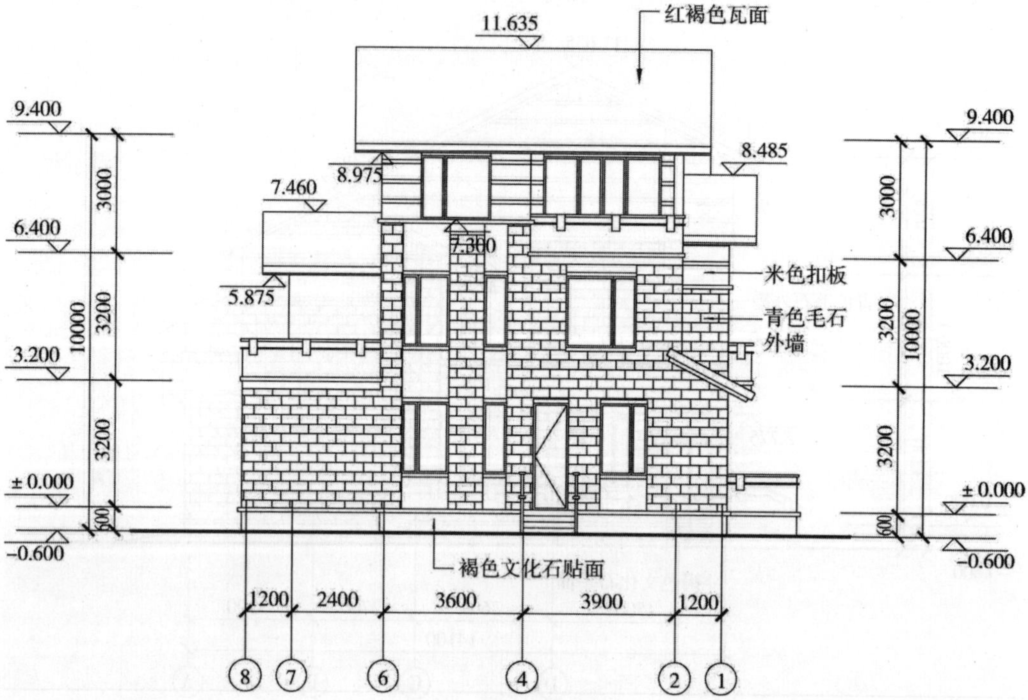

图 6-33　建筑立面图 5

【操作 6-18】绘制如图 6-34 所示的六层建筑立面图，并标注尺寸和文字。

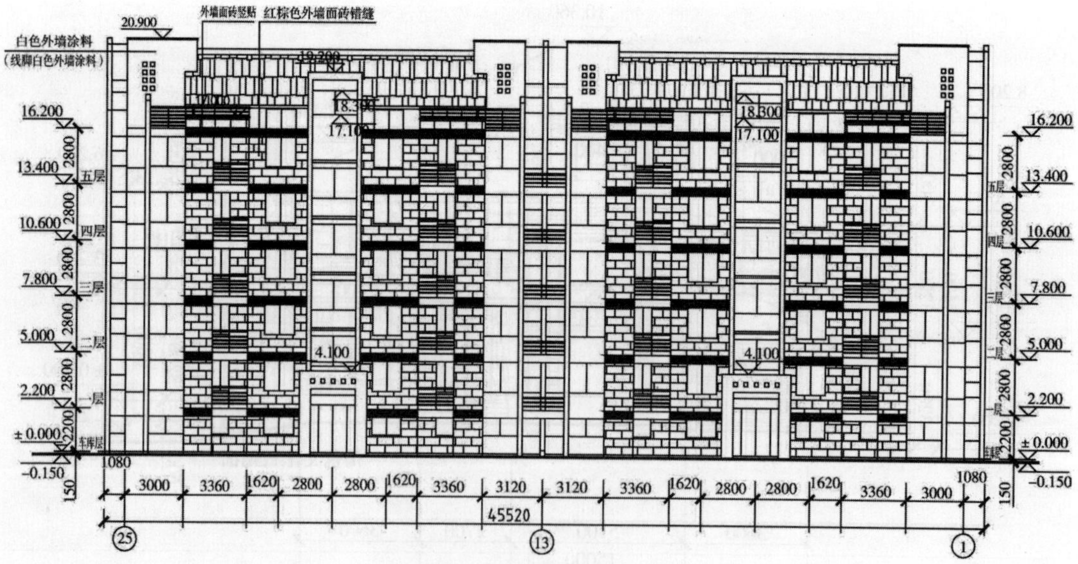

图 6-34　六层建筑立面图

【操作 6-19】绘制如图 6-35 所示的洋房建筑立面图，并标注尺寸和文字。

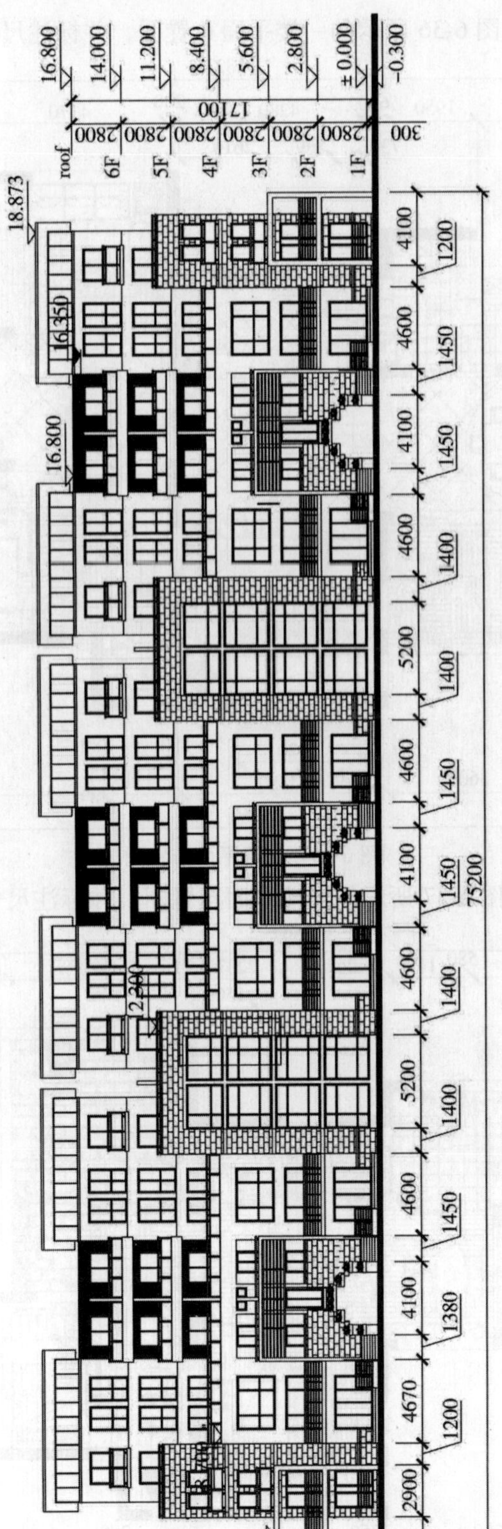

图 6-35 洋房建筑立面图

【操作6-20】绘制如图6-36所示的一楼平面布置图，并标注尺寸和文字。

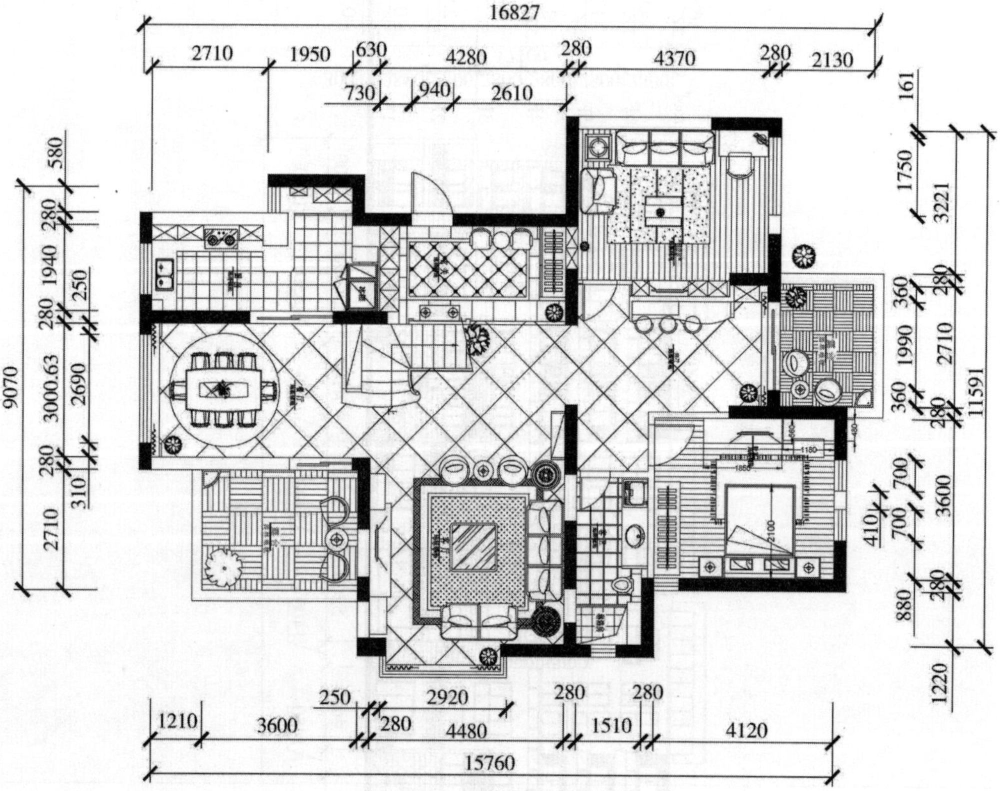

图6-36 一楼平面布置图

【操作6-21】绘制如图6-37所示的二楼平面布置图，并标注尺寸和文字。

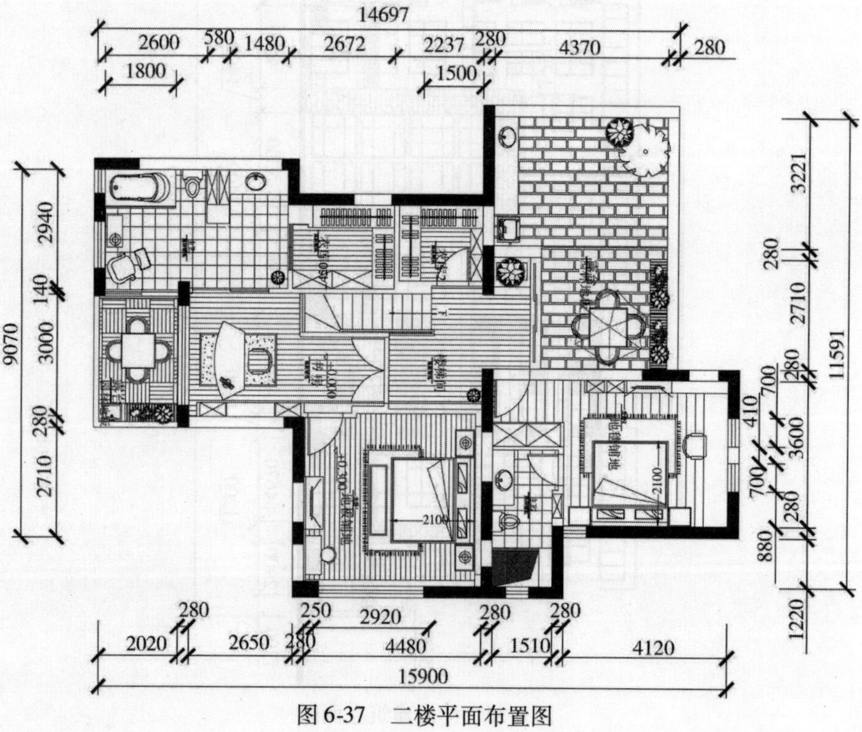

图6-37 二楼平面布置图

【操作 6-22】绘制如图 6-38 所示的 A 型平面布置图，并标注尺寸和文字。

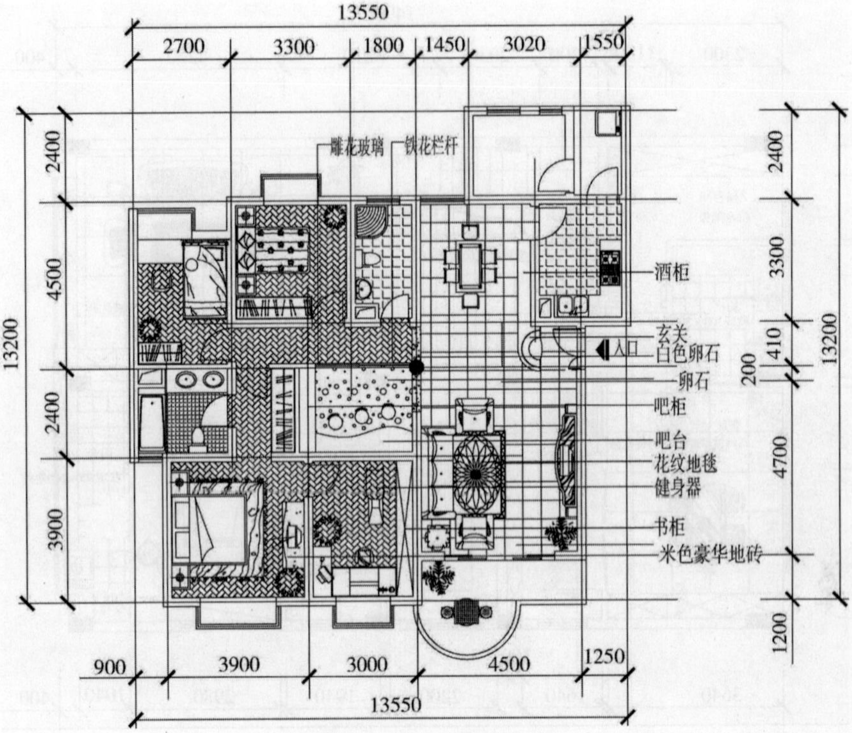

图 6-38 A 型平面布置图

【操作 6-23】绘制如图 6-39 所示的 B 型平面布置图，并标注尺寸和文字。

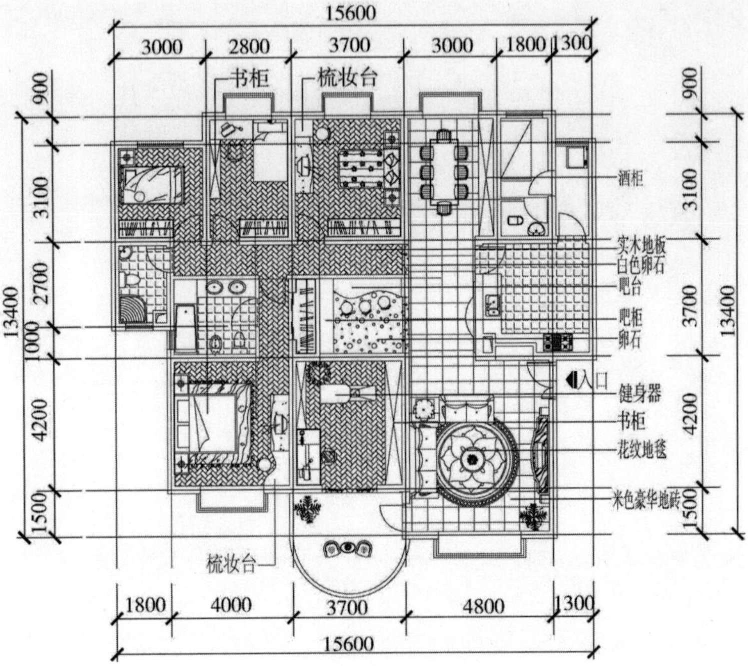

图 6-39 B 型平面布置图

【操作 6-24】绘制如图 6-40 所示的平面布置图，并标注尺寸和文字。

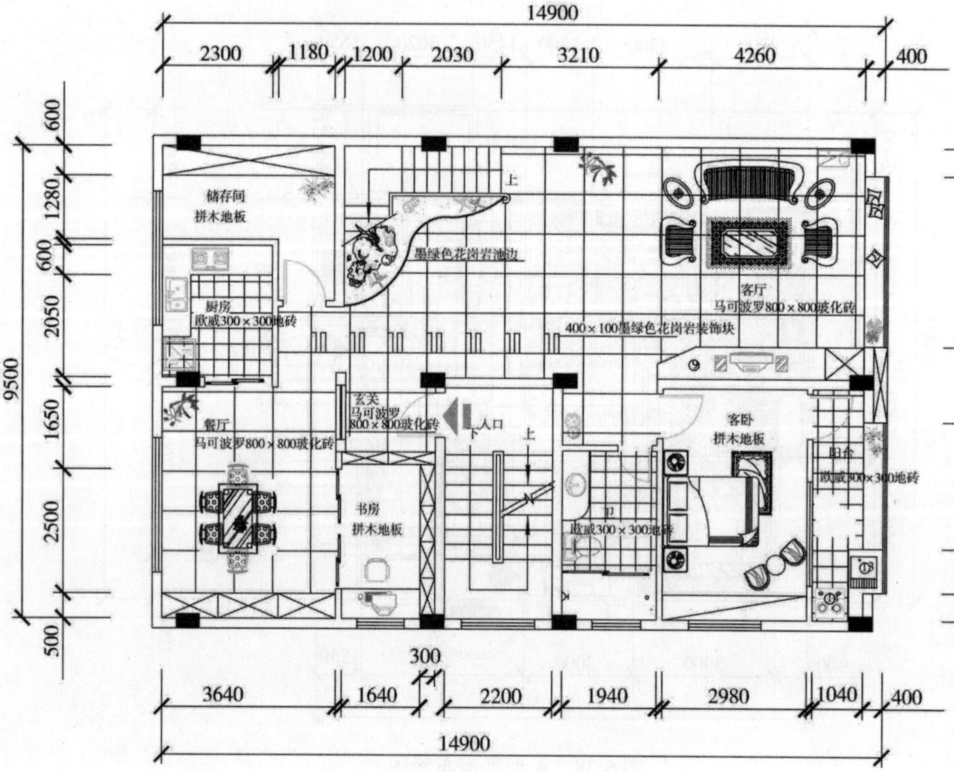

图 6-40　平面布置图

【操作 6-25】绘制如图 6-41 所示的规划布置图 1，并标注尺寸和文字。

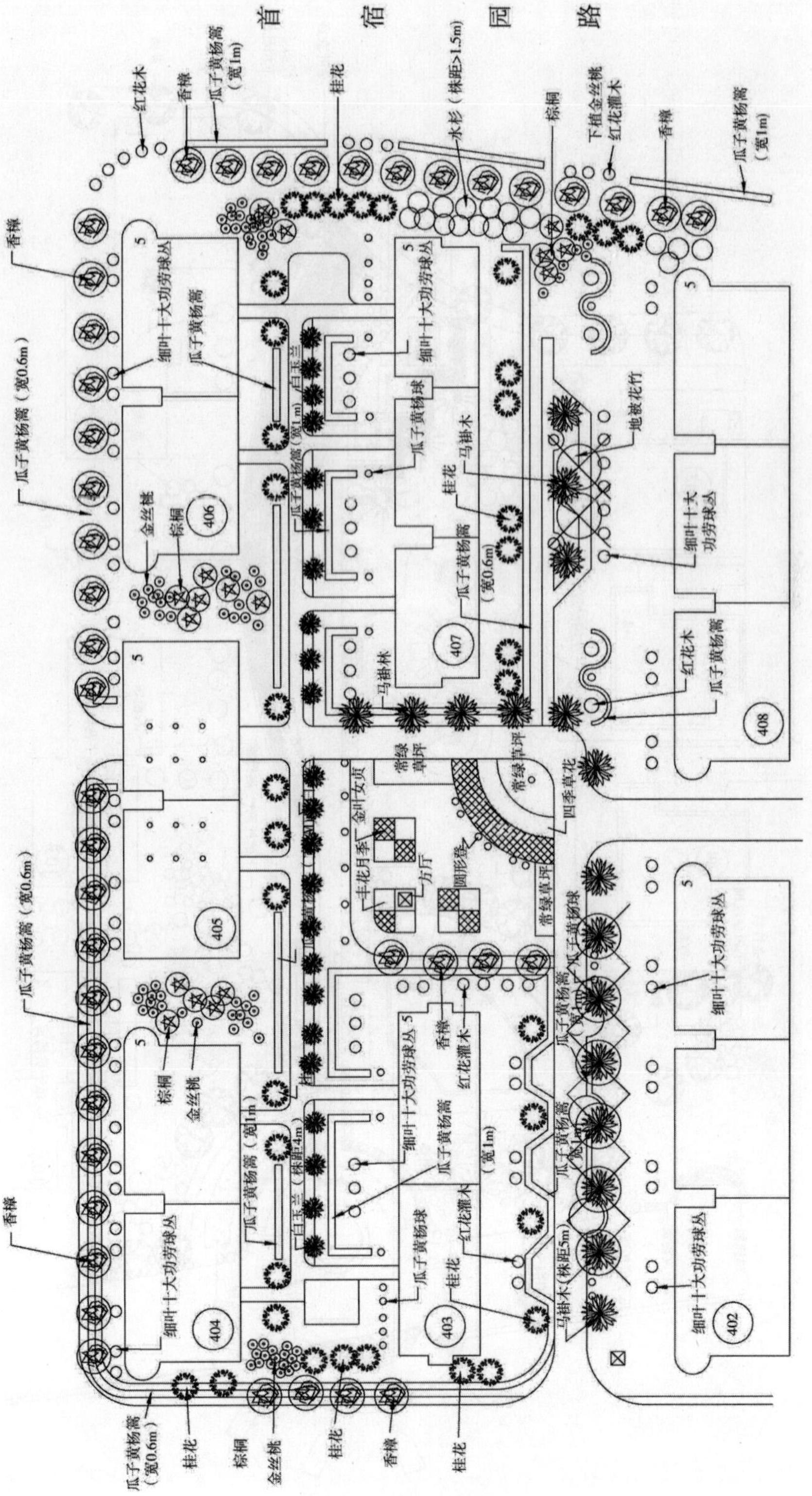

图 6-41　规划布置图 1

【操作6-26】绘制如图6-42所示的规划布置图2，并标注尺寸和文字。

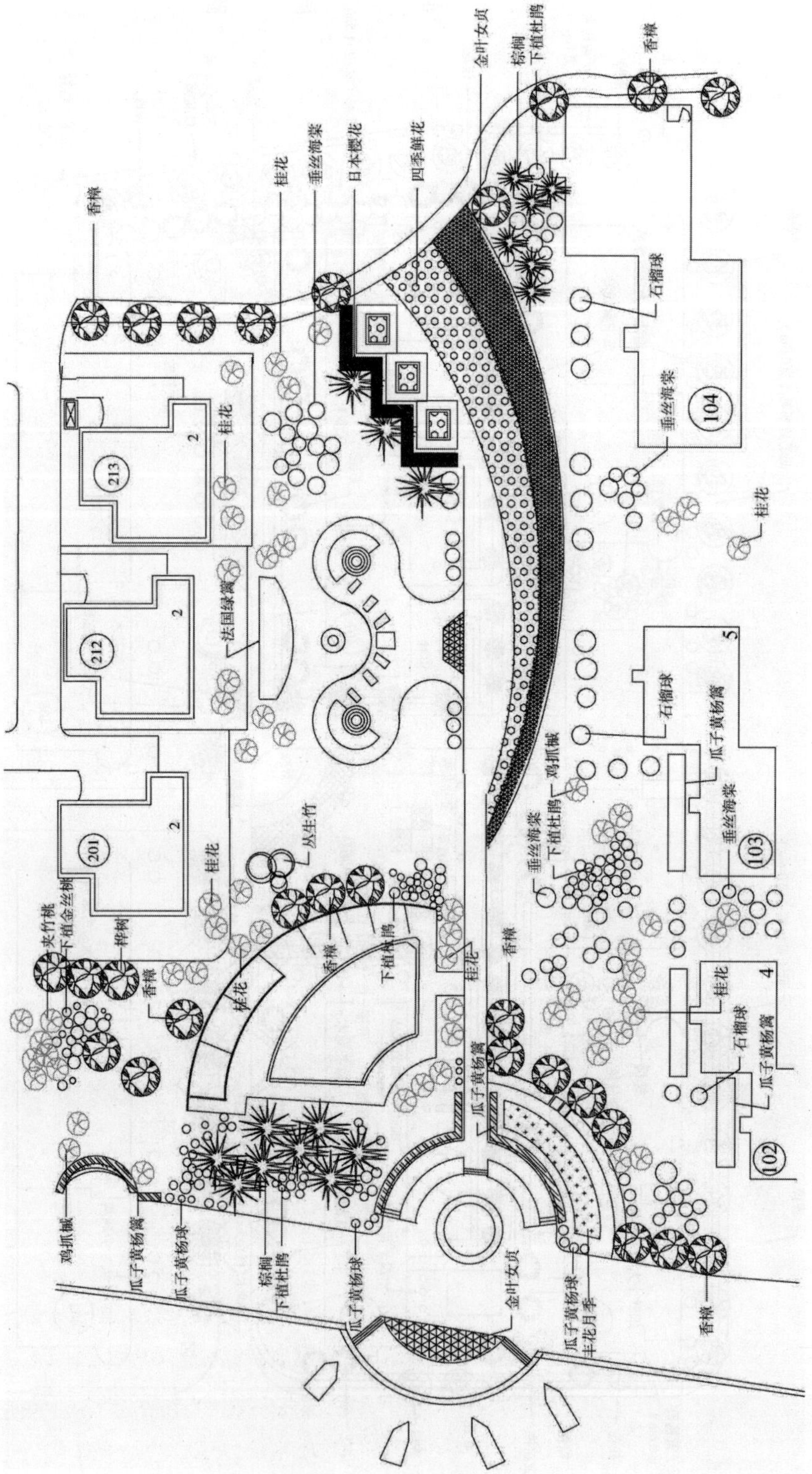

图6-42　规划布置图2

第 7 章　三维图形的绘制、编辑与渲染

本章摘要

三维模型，逼真直观；三维绘图，灵活多变。通过本章的学习和操作，用户应能熟练掌握 UCS 坐标系的灵活使用、全面系统的三维图形的绘制与编辑技巧，以及灯光的创建、材质的设置与附着，贴图调整的基本方法，渲染的基本方法和渲染质量的提高的综合应用能力。

本章要点

- ➤ 熟练掌握 UCS 坐标系的使用。
- ➤ 熟练掌握三维图形的各种视图观察方法。
- ➤ 熟练掌握三维图形的绘制与编辑。
- ➤ 熟练掌握光源的设置。
- ➤ 熟练掌握材质的设置、附着，以及贴图的调整。
- ➤ 熟练掌握渲染的设置，提高渲染精度的方法，以及渲染的操作。

7.1　操作例题

【例 7-1】 绘制如图 7-1 所示的轮胎三维图形，并附着材质和渲染。

图 7-1　轮胎

其操作步骤如下：

- 创建一个新图，并设置“中心线”、“轮缘”、“腹板”、“轮芯”、“轮胎”、“地面”和“辅助”等图层（创建图层时，也可以在绘图的过程中根据需要再设置）。设置图层时，“中心线”图层用“Center”线型，其余用默认的“Continuous”线性；而各图层颜色区分开来。
- 将“中心线”层设置为当前图层，调用直线命令 LINE 绘制轮胎轴线。接着调用偏移命令 OFFSET（命令别名“O”），偏移出各线段。
- 将“轮缘”层设置为当前图层，调用多段线命令 PLINE（命令别名“PL”），绘制轮缘截面的上轮廓线图形。
- 调用倒圆角命令 FILLET（命令别名“F”），倒上轮廓线各处的圆角，结果如图 7-2 所示。
- 调用编辑多段线命令 PEDIT（命令别名“PE”），并选择一条轮廓线，然后在提示下输入“J”选择“合并”选项，接着选择上轮廓线的所有线段，并按 Enter 键，将上轮廓线合并为一个整体。
- 调用偏移命令 OFFSET（命令别名“O”），设置偏移距离为 5，将上轮廓线向下偏移 5，得到轮缘的下轮廓线。
- 调用直线命令 LINE（命令别名“L”），绘制左右轮缘端部，以封闭轮缘。接着调用倒圆角命令 FILLET（命令别名“F”），设置圆角半径为 2，倒轮缘左右两端的圆角，结果如图 7-3 所示。

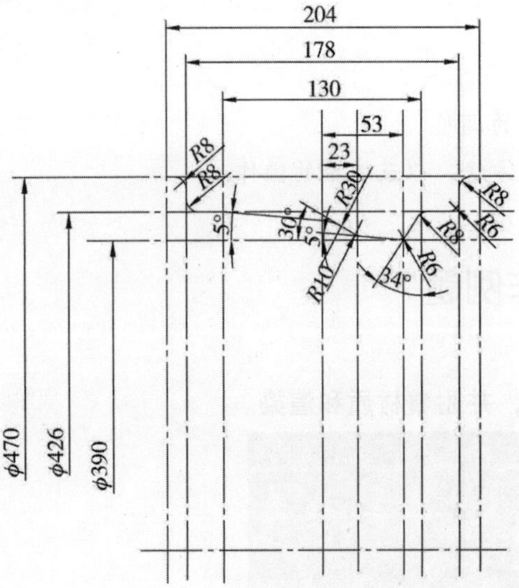

图 7-2　绘制轮缘上轮廓线

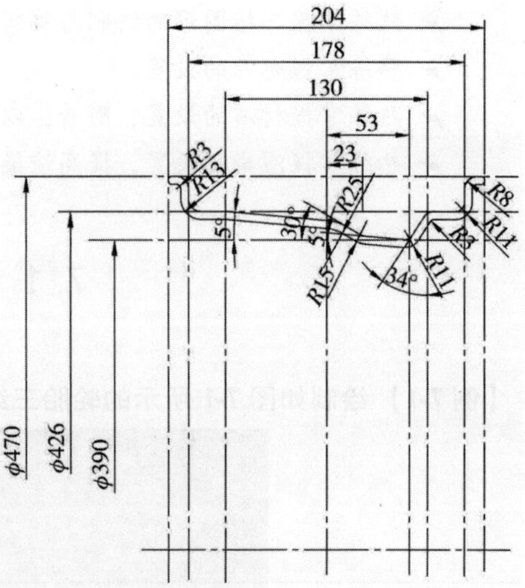

图 7-3　绘制轮缘下轮廓线

- 调用多段线命令 PLINE（命令别名“PL”），分别绘制 A、B 封闭区域，然后再调用圆角命令 FILLET（命令别名“F”），倒各线段间的圆角。
- 调用面域命令 REGION（命令别名“REG”），将 A、B 区域分别创建为面域，结果如图 7-4 所示。
- 将“轮胎”层设置为当前图层。调用多段线命令 PLINE（命令别名“PL”），和圆命令 CIRCLE（命令别名“C”）绘制轮胎外轮廓。调用圆角命令 FILLET（命令别名“F”），倒各线段之间的圆角。

- 调用偏移命令 OFFSET（命令别名“O”），将轮胎外轮廓向内偏移 10 得到轮胎内轮廓。
- 调用修剪命令 TRIM（命令别名“TR”），修剪掉多余线段。

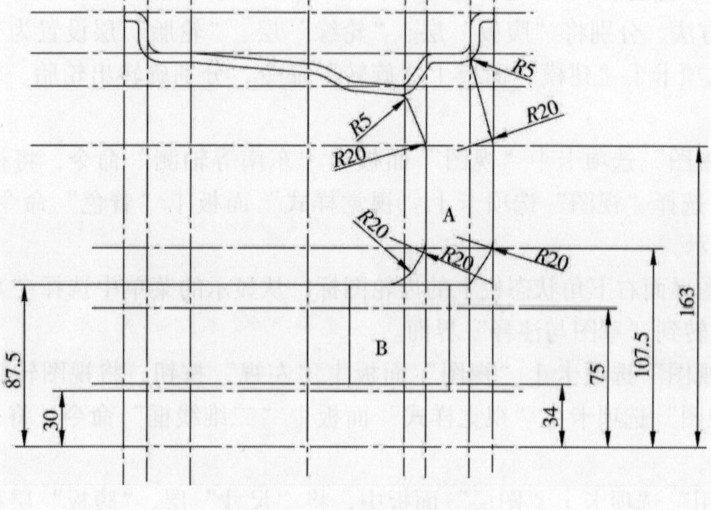

图 7-4 创建 A、B 面域

- 调用面域命令 REGION（命令别名“REG”），将轮胎截面创建为面域，结果如图7-5所示。

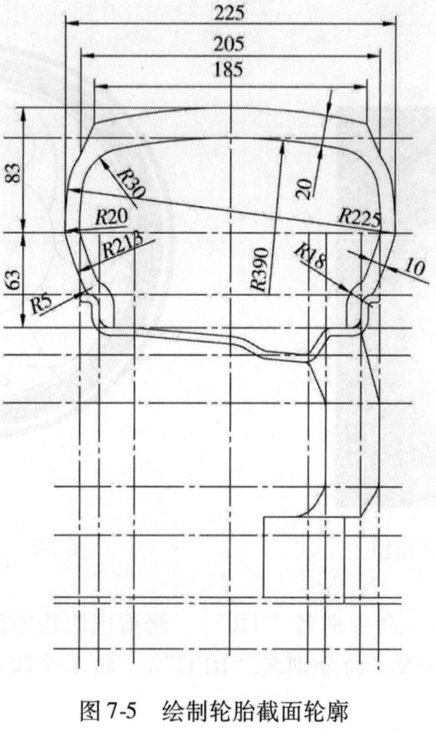

图 7-5 绘制轮胎截面轮廓

• 选择“工具”菜单 | “工作空间” | “三维建模”命令，将绘图界面转到三维建模界面。

• 将“轮芯”层设置为当前图层，选择“常用”选项卡 | “建模”面板 | “旋转”命令，在“选择要旋转的对象……”的提示下，选择轮芯截面图形，并按 Enter 键；在“指定轴起点……”提示下，用鼠标捕捉到轮胎中心轴线上的两个点单击；在“指定旋转角度……”的提示下直接按 Enter 键，使用默认的 360 度，从而旋转出轮芯的三维模型。

• 用同样方法，分别将“腹板”层、“轮缘”层、“轮胎”层设置为当前图层，然后选择“常用”选项卡 | “建模”面板 | “旋转”命令，分别旋转出轮胎、轮缘、腹板的三维模型。

• 选择“视图”选项卡 | “视图”面板 | “东南等轴测”命令，将视图转到“东南等轴测”状态。选择“视图”选项卡 | “视觉样式”面板 | “着色”命令，对模型着色，结果如图 7-6 所示。

• 单击绘图界面右下角状态栏上的齿轮图标，从显示的菜单中选择“草图与注释”选项，将工作空间转到“草图与注释”界面。

• 单击“视图”选项卡 | “视图”面板 | “左视”按钮，将视图转到“左视图”状态。再选择“视图”选项卡 | “视觉样式”面板 | “二维线框”命令，将视图恢复到线框图状态。

• 在“常用”选项卡 | “图层”面板中，将“尺寸”层、“腹板”层和“轮胎”层冻结。然后将“辅助”层设置为当前图层。

• 调用圆命令 CIRCLE（命令别名“C”）、偏移命令 OFFSET（命令别名“O”）和圆角命令 FILLET（命令别名“F”），绘制腹板的图案，结果如图 7-7 所示。

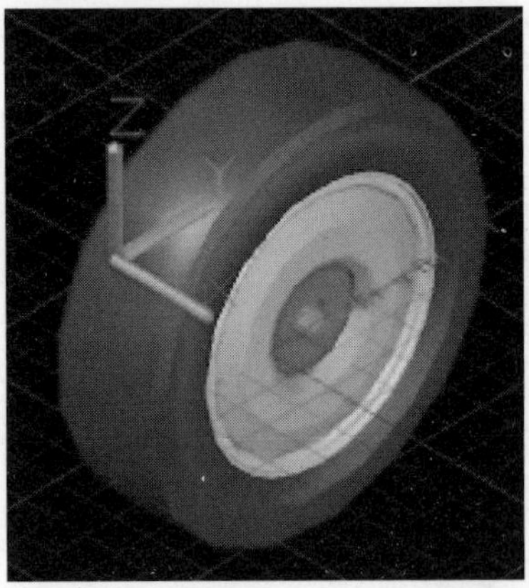

图 7-6　绘制轮胎的三维模型

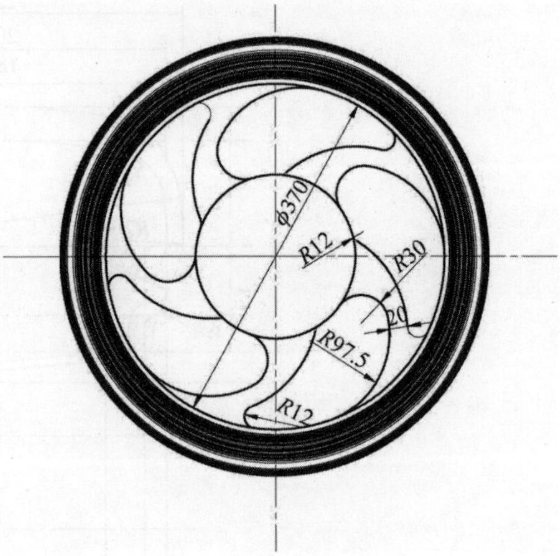

图 7-7　绘制腹板图案

• 调用修剪命令 TRIM（命令别名“TR”），修剪出腹板空洞的图案。

• 调用面域命令 REGION（命令别名“REG”），将 5 个腹板孔洞的图案分别创建为面域，结果如图 7-8 所示。

• 在状态栏上的“3DOSNAP”按钮上右击，选择“设置”，打开“草图设置”对话框，在其中选择“面中心”选项，以设置三维对象捕捉为“面中心”方式，然后单击“确定”按钮。接着在“3DOSNAP”按钮上单击，打开三维对象捕捉。

• 调用圆命令 CIRCLE（命令别名“C”），捕捉到轮芯面的中心绘制一个 ϕ120 的圆；接着捕捉到该圆的 4 个象限点分别绘制 ϕ22 和 ϕ40 的圆，结果如图 7-9 所示。

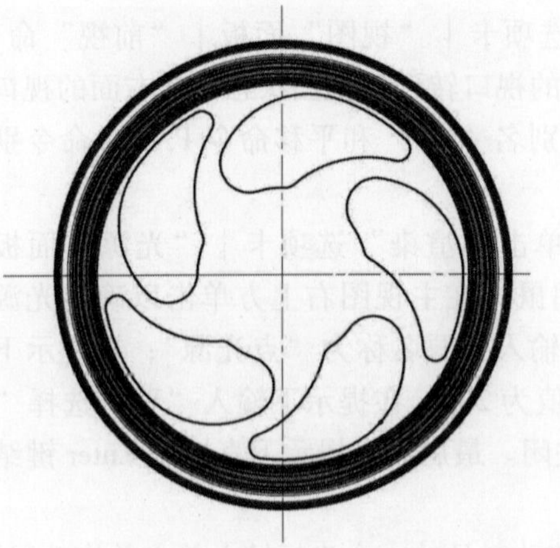

图 7-8　创建腹板空洞面域

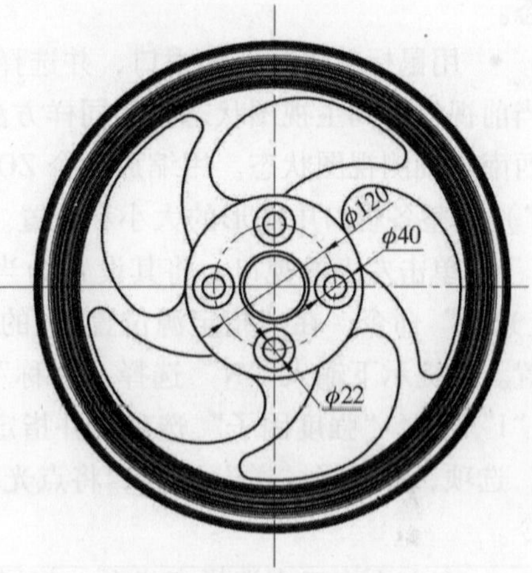

图 7-9　绘制螺栓安装孔

• 单击绘图界面右下角状态栏上的齿轮图标，从显示的菜单中选择“三维建模”选项，将工作空间转到“三维建模”界面。

• 单击“常用”选项卡｜“建模”面板｜“拉伸”按钮，将腹板孔洞向 Z 轴负向拉伸 300；同样，将轮芯处的螺栓安装孔 ϕ22 向 Z 轴负向拉伸 35。

• 调用移动命令 MOVE（命令别名“M”），将 ϕ40 的圆向 Z 轴负向移动 60。单击“常用”选项卡｜“建模”面板｜“拉伸”按钮，将 ϕ40 的圆向 Z 轴正向拉伸 30。（用户在操作时，经常要调用三维动态观察器 3DORBIT（命令别名“3DO”），旋转图形，以观察对象的确切位置。）

• 将“腹板”层和“轮胎”层解冻，将“尺寸”层冻结。单击“常用”选项卡｜“实体编辑”面板｜“并集”按钮，将 ϕ22 和 ϕ40 的拉伸实体合并；同样，将轮缘、腹板和轮芯合并。

• 单击“常用”选项卡｜“实体编辑”面板｜“差集”按钮，首先选择腹板实体，按 Enter 键，然后选择 5 个腹板空洞实体；再按 Enter 键，作出腹板上的空洞。同样，调用“差集”命令，用轮芯实体减去 ϕ22 和 ϕ40 的合并实体，得到螺栓安装孔。对模型进行“着色”后的结果如图 7-10所示。

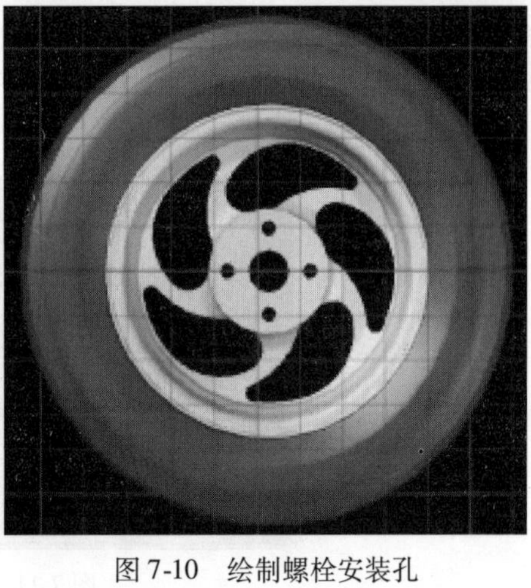

图 7-10　绘制螺栓安装孔

• 将“中心线”图层冻结，将“地面”层

设置为当前图层。单击“视图”选项卡｜“视图”面板｜“俯视”按钮，将视图转到“俯视图”状态。调用矩形命令 RECTANG（命令别名“REC”），绘制一个矩形作为地面；调用移动命令 MOVE（命令别名“M”），将绘制的矩形向 Z 轴负向移动一个轮胎的半径，刚好放在轮胎的下面。然后调用面域命令 REGION（命令别名“REG”），将该矩形创建为面域。

• 单击“视图”选项卡｜“模型视口”面板｜“三个．右”，将视口设置为三个视口状态。

• 用鼠标单击左上的视口，并选择“视图”选项卡｜“视图”面板｜“前视”命令，将当前视口转到主视图状态。用同样方法，将左下的视口转到俯视图状态，将右面的视口转为西南等轴测视图状态。用缩放命令 ZOOM（命令别名“Z”）和平移命令 PAN（命令别名“P”）调整各视口中图形的大小和位置。

• 单击左上的视口，将其设置为当前视口。单击“渲染”选项卡｜“光源”面板｜“点光源”命令，在“指定源位置:”的提示下，用鼠标在主视图右上方单击以确定光源的位置。在提示下输入“N”选择“名称”选项，并输入光源名称为“点光源”；在提示下输入“I”选择“强度因子”选项，并指定强度因子值为200；在提示下输入“W”选择“阴影”选项，并选择“关”方式，将点光源的阴影关闭。最后，在提示下直接按 Enter 键结束命令。

• 在左下视口中选择点光源，将鼠标在三维移动工具的一个坐标轴上单击并拖动鼠标，将点光源移到轮胎的右下方，并结合三个视口观察点光源的位置是否正确。

• 单击“渲染”面板｜“光源”组件｜“聚光灯”命令，在“指定源位置：……”的提示下，用鼠标在前视图右上方单击一点，以确定光源的位置。在“指定目标位置:”的提示下，将鼠标向下拖动到轮胎中部附近单击，以确定聚光灯的目标位置。在提示下输入 N 选择“名称”选项，并输入光源名称为“聚光灯”。最后，在提示下直接按 Enter 键结束命令。

• 选择聚光灯，分别在左下和左上视口中用鼠标单击并拖动聚光灯的位置夹点，将其放置在合适位置。同样方法，用鼠标拖动聚光灯的目标夹点使其放在轮胎的中部附近。操作时，结合三个视口观察聚光灯的位置是否正确。

• 在左上视口选择聚光灯图标后右击，从快捷菜单中选择“特性”选项，打开“特性”选项板。在“基本”组件中，设置“聚光角角度”为40；设置“衰减角度”为80；在“阴影”选项的右边单击，从中选择“开”选项以打开聚光灯的阴影。设置完光源的结果如图7-11所示。

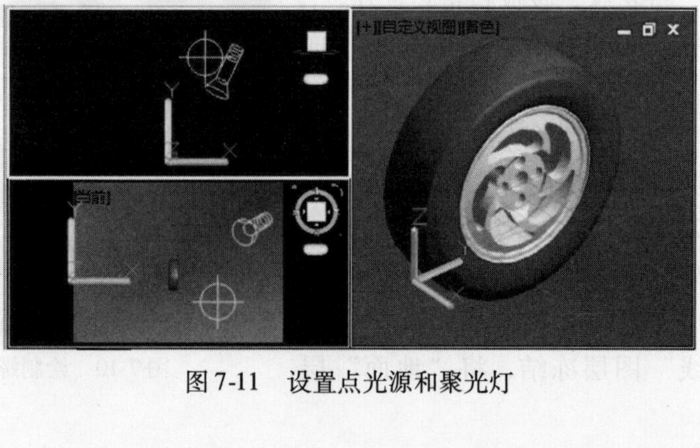

图7-11　设置点光源和聚光灯

• 选择“渲染”选项卡｜“渲染”面板｜“渲染预设”下拉列表中的“中”选项。在该面板中选择 320 × 240 的渲染输出尺寸。

• 单击右边的视口将其设置为当前视口。单击“渲染”选项卡｜“渲染”面板｜“渲染”按钮，用默认设置对模型进行渲染，结果如图 7-12 所示。

图 7-12　设置光源后的渲染效果

• 单击“视图”选项卡｜“模型视口”面板｜“单个”按钮，将视口恢复到一个视口状态。

• 单击“渲染”选项卡｜“材质”面板｜“材质浏览器”按钮，打开“材质浏览器”选项板。

• 选择左下角“创建新材质”下拉列表中的“金属”选项，打开“材质编辑器”选项板，在其中输入材质名称“轮毂”。在“金属”组件中，设置“类型”为“不锈钢”，“饰面”为“抛光”。

• 在“材质编辑器”中，单击左下“创建材质”下拉列表中的“木材”选项，并命名材质名称为“地面”。在“木材”组件中，单击“图像”空白处，在打开的对话框中选择“例 7-1”中“木纹 01. JPG”，接着选择“着色”，并设置 RGB 值分别为 201、128、54，“饰面”为“有光泽的清漆”，“用途”为“家具”。

• 在“材质浏览器”的 Autodesk 库材质中选择“其他”，将鼠标放在下边材质列表中“橡胶 - 黑色”的图标上悬停，在显示的“将材质添加到文档并显示在编辑器中”按钮上单击，弹出“材质编辑器”选项板。在其中输入材质名称“轮胎”，在“常规”组件中设置“光泽度”为 25。

• 同样，以“橡胶 - 黑色”为基础创建一个名为“轮面”的材质。在“材质编辑器”的“常规”组件中设置“光泽度”为 25；选择“凹凸贴图”组件，在打开的对话框中选择“例 7-1”文件夹中的“轮胎花纹 3”；在“纹理编辑器”选项板的“位置”组件中，设置“旋转”为 90；在“比例”组件的右边“锁定”图标上单击，以取消锁定，设置“宽度”为 250，“高度”为 250；在“重复”组件中设置“水平”和“垂直”都为“瓷砖”方式。关闭“纹理编辑器”，在“材质编辑器”的“凹凸”组件中，将数量设置为“ - 1000”。（用户在设置这些参数时，应一面设置，一面渲染，以观察效果，随时修改参数直至满意。）

• 在“渲染”选项卡｜“材质”面板｜“材质下拉列表”中选择“随层附着”命令，打开“材质附着选项”对话框，将左边的“地面”材质拖到动右边的“地面”图层上，将“地面”材质附着给地面；同样，将“轮毂”材质附着给“轮芯”、“腹板”和“轮缘”。

• 在“常用”选项卡｜“选择”面板中选择“面”方式，在视图中轮胎的外圆柱面上单击，在“材质浏览器”的“文档材质列表”的“轮面”材质上右击，在显示的菜单中选择“指定给当前选择”选项，即可将“轮面”材质附着给轮胎的轮面子对象。

• 同样，将“轮胎”材质附着给轮胎侧面子对象。当附着完一个侧面后，可调用三维动态观察器 3DORBIT（命令别名“3DO”），将轮胎的背面选择倒正面，以附着另一边轮胎侧面的材质。

● 设置 VIEWRES 系统变量以减少圆和圆弧的多边形现象，可将其值设置为 5000；设置 FACETRES 系统变量以增加曲面镶嵌面的面数，将其值设置为 6；设置系统变量 ISOLINES 为 20，以增加实体对象上每个曲面的线框网格密度。设置后，用重生成命令 REGEN 刷新图形。

● 设置渲染。单击“渲染”选项卡｜“渲染”面板右下角“高级渲染设置”按钮，打开“高级渲染设置”选项板。从中进行如下设置：

■ 在“选择渲染预设”下拉列表中选择“演示”选项，以提高渲染质量。

■ 在“常规”组件的“输出尺寸”中设置为 800×600，以提高图像的分辨率。

■ 在“光线跟踪”组件中，设置“最大反射”和“最大折射”的值都为 5。

● 选择“渲染”选项卡｜“渲染”面板｜“渲染面域”选项，在绘图区单击并拖动鼠标拉出一个矩形窗口，即可对该矩形窗口进行渲染，其结果如图 7-1 所示。

技巧

◆ 要将对象拉伸或旋转成三维实体，必须满足两个条件：对象必须封闭，对象必须成为一个整体。可用创建面域的方式，或者用多段线绘制的对象，用编辑多段线命令 PEDIT（命令别名 PE）中的“合并”选项，将对象编辑成一个整体。

◆ 三维绘图的关键就是要灵活使用 UCS 命令。在三维绘图时，要在对象的哪个面上绘图，只需要将 UCS 坐标系的 XY 平面移动到对象的该平面上即可。

◆ 可以使用凹凸贴图的方式来模拟对象上凹凸的现象。贴图的较浅区域看起来升高，而较深区域看起来降低。在“材质编辑器”中调整凹凸的“数量”值，越大，则凸度越高，使用负值使对象看起来凹下去。

◆ 用户在绘图时，应将系统变量 VIEWRES、FACETRES 和 ISOLINES 的值设置为较小值，以提高系统的运算速度，只在渲染时才将他们的值设置为较高，以提高渲染精度。

【例 7-2】绘制如图 7-13 所示的别墅，并附着材质和渲染。

图 7-13 别墅

其操作步骤如下：

1. 绘制轴线和一楼墙线

● 创建一个新图，并设置“轴线”、“底层”、“一楼墙线”、“一楼墙体”、“窗框”、“窗套”和“玻璃”、“门”、“门套”、“门框”和“辅助”等图层。其余图层，在后面的绘图过程中，根据需要再设置。设置图层时，除“轴线”图层用“Center”线型，其余用默认的“Continuous”线性，并将各图层颜色区分开来。

● 将“轴线”层设置为当前图层，调用直线命令 LINE（命令别名“L”）绘制轴线，接着调用偏移命令 OFFSET（命令别名“O”），偏移出各线段，结果如图 7-14 所示。

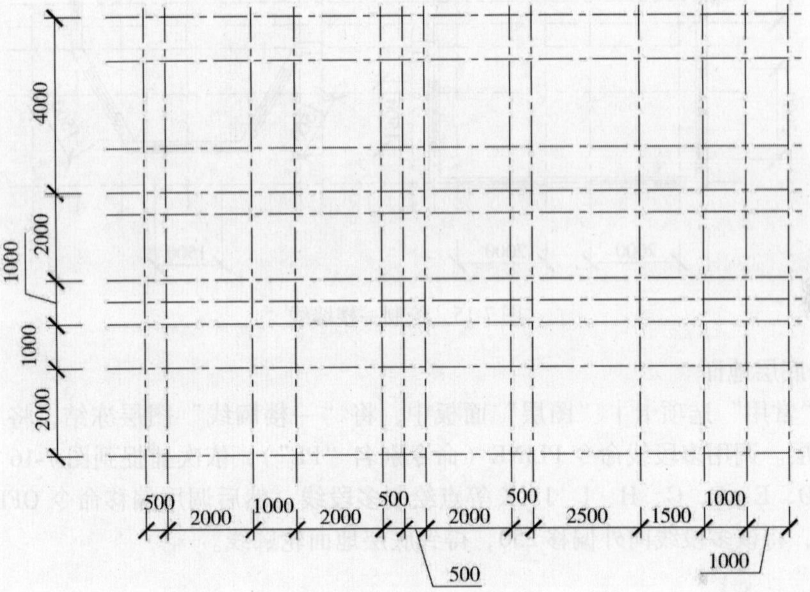

图 7-14　绘制轴线

● 选择“格式”菜单 | “多线样式”命令，打开“多线样式”对话框，在“样式”列表框中选择“STANDARD”样式，单击“修改”按钮，打开“修改多线样式”对话框，在“封口”组件中，选择“起点”、“端点”都为“直线”方式，然后在各对话框中分别单击“确定”按钮。

● 将“一楼墙线”层设置为当前图层，调用多线命令 MLINE（命令别名“ML”），在“指定起点……”的提示下输入“S”选择“比例”选项，设置比例为 240；在提示下输入“J”选择“对正”选项，设置对正为“无”对正方式。然后依次捕捉到轴线的对应点绘制一楼墙线。

● 选择“修改”菜单 | “对象” | “多线”命令，打开“多线编辑工具”对话框，选择“T 型打开”工具编辑多线的接头。

● 单击“视图”面板 | “选项板”组件 | “设计中心”按钮，打开“设计中心”选项板，在样板图里面的“窗户”块上右击，在弹出的菜单中选择“插入块”命令，打开“插入块”对话框。在“X”比例中设置“2000/1500”（窗户块的长度为 1500，而现在需要的窗户长度为 2000，因此 X 比例为 2000/1500），然后单击“确定”按钮插入窗户块。用同

样办法插入其他窗户块，结果如图 7-15 所示。

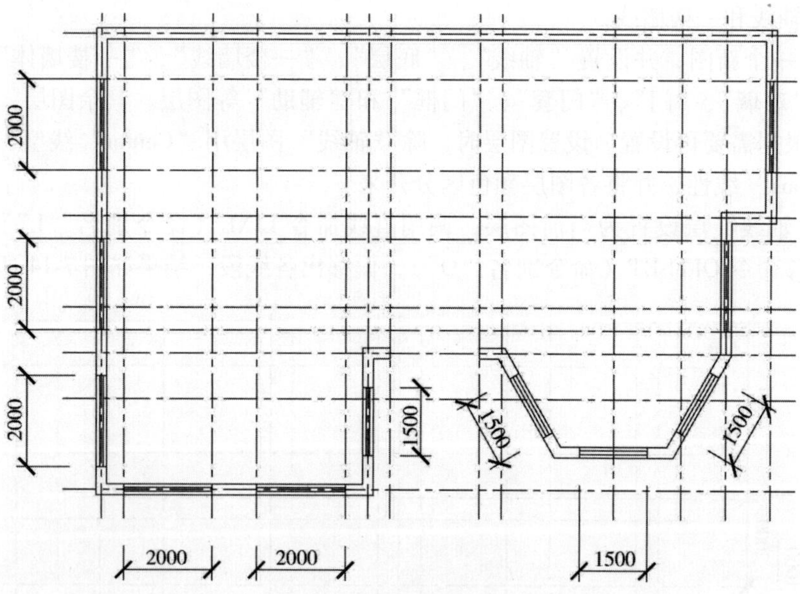

图 7-15　绘制一楼墙线

2. 绘制底层地面

● 在“常用”选项卡｜“图层”面板中，将“一楼墙线”图层冻结，将“底层”设置为当前图层。调用多段线命令 PLINE（命令别名“PL”），依次捕捉到图 7-16 中轴线上的 A、B、C、D、E、F、G、H、I、J、K 等点绘制多段线。然后调用偏移命令 OFFSET（命令别名“O”），将该多段线向外偏移 250，得到底层地面轮廓线。

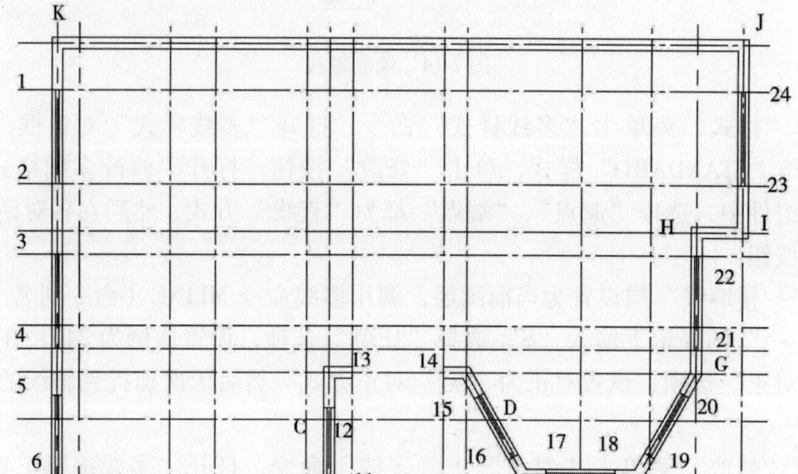

图 7-16　墙线和窗洞标记点

● 选择“三维建模”工作空间｜“常用”选项卡｜“建模”面板｜“拉伸”按钮，

将地面轮廓线向 Z 轴正向拉伸 600 高，得到底层地面。

• 选择“视图”选项卡｜“视图”面板｜“西南等轴测”命令，将视图转到西南等轴测状态。选择“视图”选项卡｜“视觉样式”面板｜“着色”命令，对图形着色，结果如图 7-17 所示。

3. 绘制一楼墙体

• 将“底层”图层冻结，将“一楼墙线”图层解冻，将“一楼墙体”层设置为当前图层。选择“视图”选项卡｜“视觉样式”面板｜“二维线框”命令，将视图恢复到线框图状态。

• 单击“常用”选项卡｜“建模”面板｜“多段体”命令，在提示下选择“宽度”选项，设置墙的宽度为 240；在提示下选择“高度”选项，设置墙的高度为 3000；在提示下选择“对正”选项，设置对正方式为“居中”。然后沿“一楼墙线”的中线绘制一楼墙体，着色后如图 7-18 所示。

实训视频：
别墅底层模型的绘制

图 7-17　绘制底层地面

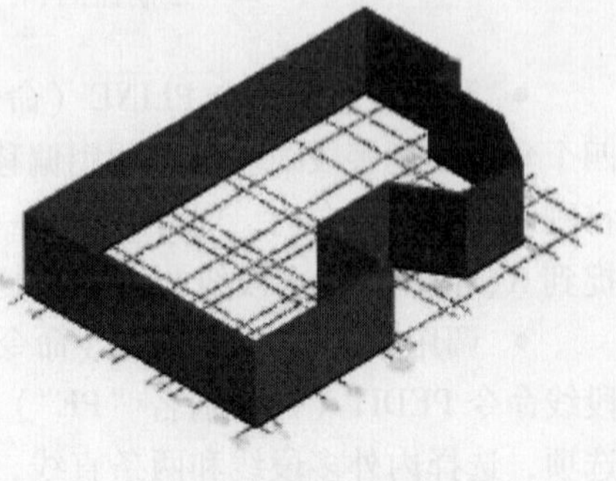

图 7-18　绘制一楼墙体

• 在“常用”选项卡｜“图层”面板中，将“一楼墙体”图层冻结，将“辅助”层设置为当前图层。

• 单击“常用”选项卡｜“建模”面板｜“多段体”命令，在提示下选择“宽度”选项，设置墙的宽度为 500；在提示下选择“高度”选项，设置墙的高度为 2000；在提示下选择“对正”选项，设置对正方式为“居中”。然后依次捕捉到图 7-16 中的窗户中线上的 1-2、3-4、5-6、7-8、9-10、11-12、13-14、15-16、17-18、19-20、21-22、23-24 等点绘制窗洞实体和门洞实体，着色后结果如图 7-19 所示。

• 调用移动命令 MOVE（命令别名“M”），将所有窗洞实体向 Z 轴正向移动 600（移动时 13－14 之间的门洞实体不移动）。

• 将“一楼墙体”图层解冻，将图形转到“二维线框”图状态。单击“常用”面板｜“实体编辑”组件｜“差集”按钮，用“一楼墙体”实体减去“窗洞”和“门洞”实体，着色后的结果如图 7-20 所示。

4. 绘制窗套

• 调用 UCS 命令，在“指定 UCS 的原点：”的提示下，用鼠标捕捉到左面墙第一个窗洞内侧的左下

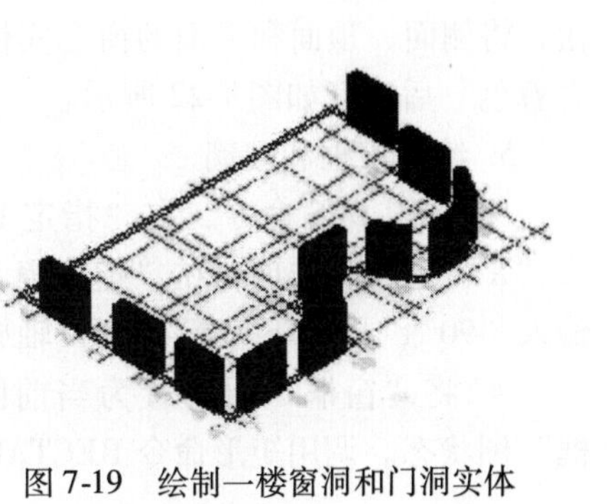

图 7-19　绘制一楼窗洞和门洞实体

角；在“指定X轴上的点:”提示下捕捉到该窗洞外壁的右下角；在“指定XY平面上的点:”提示下捕捉到该窗洞外壁的左上角，如图7-21所示。

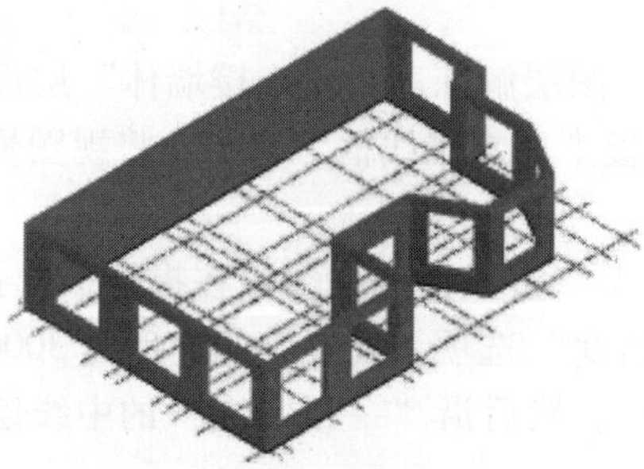

图7-20　绘制窗洞和门洞

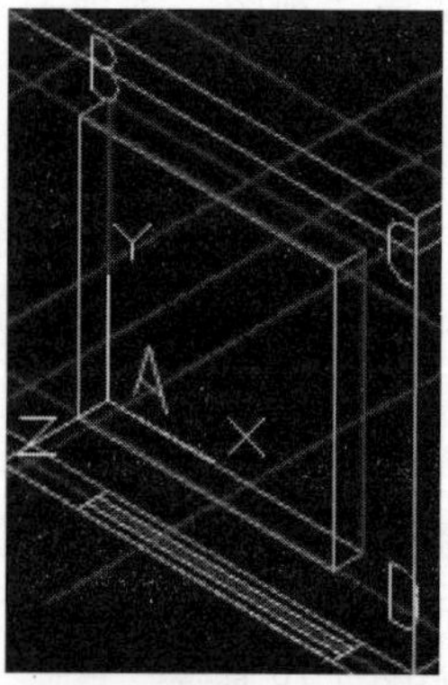

图7-21　设置UCS坐标系

• 调用多段线命令PLINE（命令别名“PL”），接着依次捕捉到图7-21中窗洞的ABCD四个角点绘制多段线。然后调用偏移命令OFFSET（命令别名“O”），设置偏移距离为50，将刚才的多段线向内，向外各偏移一条出来。再调用直线命令LINE（命令别名“L”），捕捉到A、D端内外多段线的端点绘制直线，将多段线封闭。

• 调用删除命令ERASE（命令别名“E”），将过ABCD四点的多段线删除。再编辑多段线命令PEDIT（命令别名“PE”），选择一条多段线后，在提示下输入“J”选择“合并”选项，选择内外多段线和两条直线，将它们合并成一个整体。

• 单击“常用”选项卡|“建模”面板|“拉伸”按钮，将该多段线封闭对象向Z轴正向拉伸340。然后调用移动命令MOVE（命令别名“M”），将该实体向Z轴负向移动50，得到窗套侧面和顶面的实体。

• 调用UCS命令，在“指定UCS的原点:”的提示下，输入“X”选择X选项，在“指定绕X轴的旋转角度:”的提示下输入“-90”，将UCS坐标系绕X轴旋转-90度。

• 调用多段线命令PLINE（命令别名“PL”），捕捉到窗套实体下面的四个角点绘制闭合的多段线。单击“常用”选项卡|“建模”面板|“拉伸”按钮，将该多段线封闭对象向Z轴负向拉伸150。然后调用移动命令MOVE（命令别名“M”），将该实体向Z轴正向移动50。

• 单击“常用”选项卡|“实体编辑”面板|“并集”按钮，将侧面、顶面和下面的窗套实体合并为一个窗套整体。“概念着色”后窗套如图7-22所示。

图7-22　绘制窗套

5. 绘制窗框和玻璃

• 调用UCS命令，在“指定UCS的原点:”的提示下，输入“X”选择X选项，在“指定绕X轴的旋转角度:”的提示下输入“90”，将UCS坐标系绕X轴旋转90度。

• 将“窗框”层设置为当前图层，将图形转到“二维线框”图状态。调用矩形命令RECTANG（命令别名“REC”），捕捉到窗套里面的右下角点和左上角点绘制一个矩形。调用偏移命令 OFFSET（命令“O”），设置偏移距离为 80，将该矩形向内偏移一个出来。

- 调用直线命令 LINE（命令别名“L”），捕捉到里面矩形的上下两个中点绘制一条直线。接着调用偏移命令 OFFSET（命令“O”），设置偏移距离为 40，将该直线向左、向右各偏移一条出来。
- 调用直线命令 LINE（命令别名“L”），按住 Shift 键右击，选择快捷菜单中的“自”选项，然后捕捉到里面矩形的右上角点单击，在“指定第一个点：”的提示下输入“@ 0，-570”并按 Enter 键，在捕捉到里面矩形右边的垂足点单击，绘制出一条水平直线。再调用偏移命令 OFFSET（命令“O”），设置偏移距离为 80，将该直线向下偏移一条出来。
- 调用修剪命令 TRIM（命令别名 TR），修剪出窗框轮廓。接着调用创建面域命令 REGION（命令别名“REG”），将窗框轮廓创建为面域。单击“常用”选项卡｜“实体编辑”面板｜“差集”按钮，用外面的矩形面域减去里面的 4 个矩形小面域。
- 单击“常用”选项卡｜“建模”面板｜“长方体”按钮，在“指定第一个角点：”的提示下，捕捉到窗框里面一个小矩形的左下角点单击，在“指定其他角点：”的提示下捕捉到该矩形右上角点单击，在“指定高度：”的提示下输入“1”并按 Enter 键，绘制出矩形中的玻璃。用同样方法绘制出另外几个矩形中的玻璃。
- 单击“常用”选项卡｜“建模”面板｜“拉伸”按钮，将窗框向 Z 轴正向拉伸 60，得到窗框实体。在窗框实体上右击，在快捷菜单中选择“绘图次序”｜“后置”选项，将窗框实体放在玻璃的下面。
- 调用移动命令 MOVE（命令别名“M”），将玻璃向 Z 轴正向移动 30；再调用该命令，将窗框实体和玻璃向 Z 轴正向移动 140，将窗框和玻璃放在窗套的中间，结果如图 7-23 所示。

图 7-23　绘制窗框和玻璃

- 调用块命令 BLOCK（命令别名“B”），打开“块定义”对话框，在“名称”中输入“2 米窗户”；基点用默认的坐标原点“0，0，0”，即窗洞的后左下角点；单击“选择对象”按钮，在绘图区将窗套、窗框和玻璃实体全部选择，返回“块定义”对话框后单击“确定”按钮，完成块的创建。

6. 插入窗户块

- 调用插入块命令 INSERT（命令别名“I”），打开“插入”对话框，在“名称”中选择“2 米窗户”，单击“确定”按钮，然后捕捉到左侧墙体的第二个窗洞的后左下角，插入窗户块。用同样方法插入左侧墙体的其他窗户。
- 调用 UCS 命令，在“指定 UCS 的原点：”的提示下，用鼠标捕捉到墙体的前下角点；在“指定 X 轴上的点：”的提示，用鼠标捕捉到前面墙体的下水平线上一点单击；在“指定 XY 平面上的点：”的提示下，用鼠标捕捉到左侧墙体和前面墙体交线上的一点单击，完成 UCS 新坐标系的创建，结果如图 7-24 所示。
- 调用插入块命令 INSERT（命令别名“I”），用同样方法插入前面墙体上的窗户。
- 选择“视图”选项卡｜“视图”面板｜“东南等轴测”命令，将视图转到“东南等轴测”状态。同样创建 UCS 新坐标系，该坐标系的 XY 平面与墙面平行。

● 调用插入块命令 INSERT（命令别名“I”），打开“插入”对话框，在“名称”中选择“2 米窗户”；在“X”比例中输入“1500/2000”（窗洞 X 方向的长度为 1500，而 2 米窗户块 X 方向的长度为 2000，因此这里指定比例为“1500/2000”）；然后在大门的左侧墙体插入窗户。

● 用同样方法插入其他墙体上的窗户，要在哪侧墙体上插入窗户，就将 UCS 新坐标系的 XY 平面设置为与该侧墙体的墙面平行。将视图转到西南等轴测视图状态，“概念着色”后的效果如图 7-25 所示。

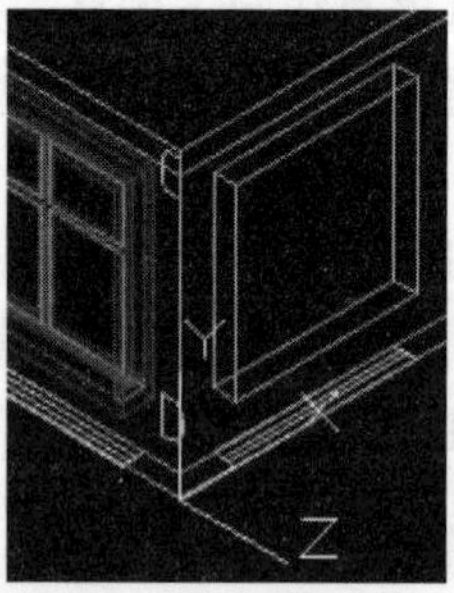

图 7-24　创建新坐标系

图 7-25　插入窗户块

7. 绘制大门

● 将视图转到“二维线框”状态，将“门套”层设置为当前图层。将鼠标放在绘图区右上角视图立方下面的环上按下左键拖动鼠标，直到能够全部看见大门。

● 调用 UCS 命令，在“指定 UCS 的原点：”的提示下，用鼠标捕捉到门洞左后下角点；在“指定 X 轴上的点：”的提示，用鼠标捕捉到门洞后右下角点；在“指定 XY 平面上的点：”的提示下，用鼠标捕捉到门洞后左上角点单击，完成 UCS 新坐标系的创建，结果如图 7-26 所示。

● 用绘制窗套同样的方法绘制门套，门套的宽度 100，厚度 340。

● 将“门框”层设置为当前图层，用绘制窗框同样的方法绘制门框，门框宽 100，厚度 60。

● 将“玻璃”层设置为当前图层，用绘制窗户玻璃同样的方法绘制大门上的玻璃。对图形进行“概念着色”后的效果如图 7-27 所示。

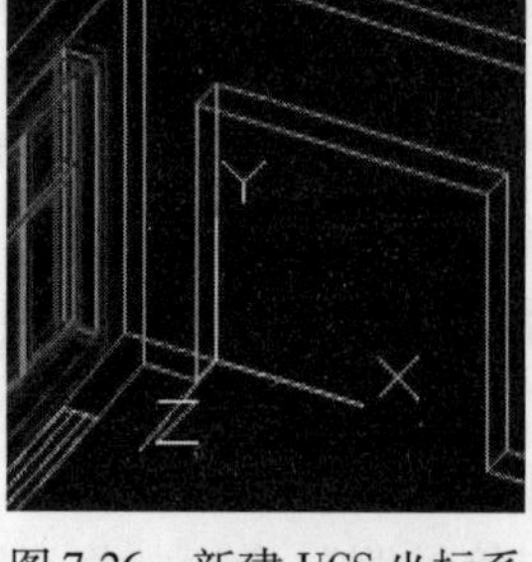

图 7-26　新建 UCS 坐标系

图 7-27　绘制大门

• 调用块命令 BLOCK（命令别名“B”），打开“块定义”对话框，在“名称”中输入“2 米大门”；基点用默认的坐标原点“0，0，0”，即门洞的后左下角点；然后单击“选择对象”按钮，在绘图区将门套、门框和玻璃实体全部选择，返回“块定义”对话框后单击“确定”按钮，完成块的创建。

8. 绘制大门台阶

• 将“玻璃”、“窗框”、“窗套”、“门框”、“门套”、“一楼墙体”等图层冻结，将“底层”和“轴线”图层解冻。设置一个“大门台阶”图层，并将其设置为当前图层。

• 选择“视图”选项卡 |“视图”面板 |“俯视”，将视图转到俯视图状态。

• 调用直线命令 LINE（命令别名“L”），在大门前绘制 A、B 两个封闭区域，如图 7-28所示。

• 选择“常用”选项卡 |“绘图”面板 |“面域”命令，将 A、B 区域分别创建为面域。

• 单击“常用”选项卡 |“建模”面板 |“拉伸”按钮，将 A 区域向 Z 轴正向拉伸 400，将 B 区域向 Z 轴正向拉伸 200。

• 选择“常用”面板 |“实体编辑”组件 |“并集”命令，将两个太久合并为一体。将视图转到西南等轴测状态，进行概念着色后的结果如图 7-29 所示。

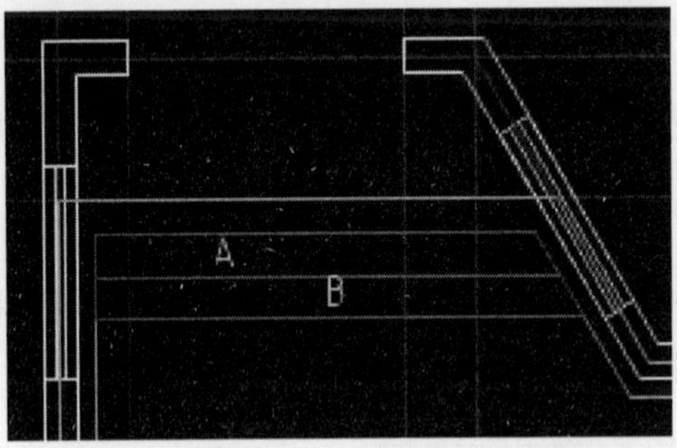

图 7-28　绘制 A、B 台阶的封闭区域

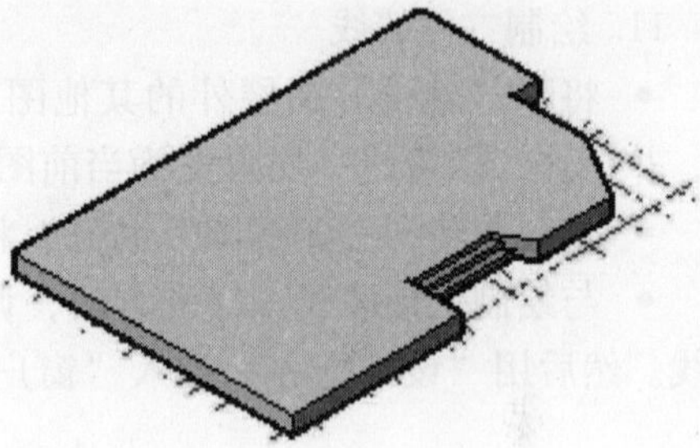

图 7-29　绘制台阶实体

9. 组合底层和一楼

• 将“底层”、“一楼墙线”、“轴线”和“大门台阶”等图层冻结，将“一楼墙体”、“玻璃”、“窗框”、“窗套”、“门框”、“门套”等图层解冻。

• 调用移动命令 MOVE（命令别名“M”），将一楼的所有对象选择，然后向 Z 的正向移动 600，使其刚好在底层的上面。

• 将“底层”和“大门台阶”图层解冻。将视图转到西南等轴测状态，进行概念着色后的结果如图 7-30 所示。

10. 绘制二楼楼板

• 将除“轴线”和“一楼墙线”图层外的其他图层冻结，设置一个“二楼楼板”图层，并将其设置为当前图层。

• 调用多段线命令 PLINE（命令别名“PL”），沿着一楼墙线的外轮廓绘制一个封闭图形。

• 调用偏移命令 OFFSET（命令别名“O”），将该多段线向往偏移 50。然后调用删除命令 ERASE 删除原来的多段线。

- 将视图转到俯视图状态。单击“常用”选项卡｜“建模”面板｜“拉伸”按钮，将该多段线向 Z 轴正向拉伸 200，得到二楼楼板实体。调用移动命令 MOVE（命令别名“M”），将二楼楼板实体向 Z 轴正向移动 3600，使其刚好在一楼墙体的上面。
- 解冻所有图层。将视图转到西南等轴测状态，进行概念着色后的效果如图 7-31 所示。

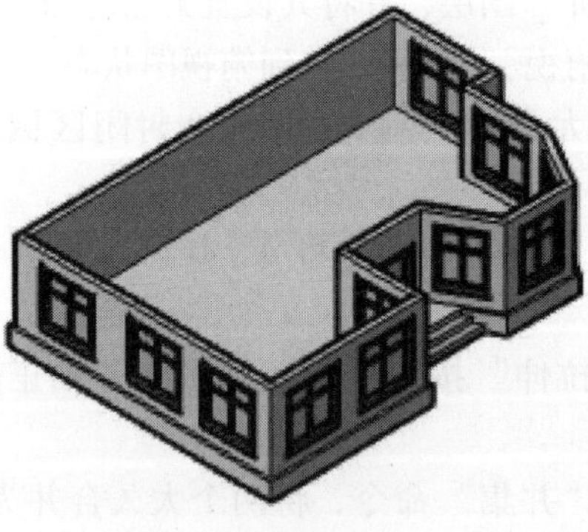

图 7-30　组合底层和一楼

图 7-31　绘制二楼楼板

11. 绘制二楼墙线

- 将除“轴线”图层外的其他图层冻结，设置一个“二楼墙线”和“二楼墙体”图层，并将“二楼墙线”层设置为当前图层。
- 将视图转到“俯视图”状态，将视图转到“二维线框”模式。
- 与绘制一楼墙线一样的方法，调用多线命令 MLINE（命令别名“ML”），绘制二楼墙线。然后用“设计中心”插入“窗户”块，结果如图 7-32 所示。

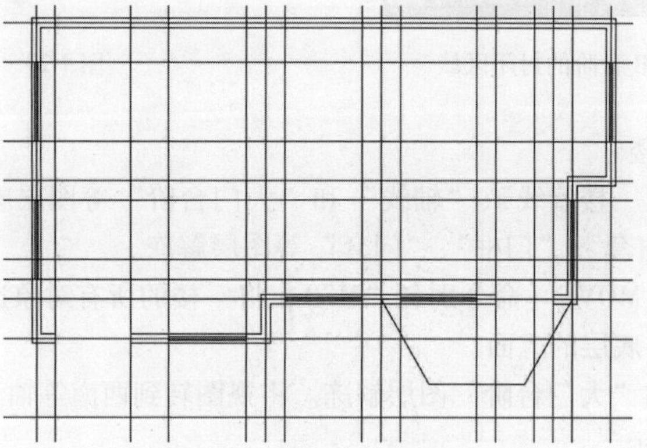

图 7-32　绘制二楼墙线

12. 绘制二楼墙体

- 将视图转到“西南等轴测”状态。
- 单击“常用”选项卡｜“建模”面板｜“多段体”命令，与绘制一楼墙体相同的方法绘制二楼墙体和墙洞。

● 将视图进行“概念”着色，结果如图 7-33 所示。

13. 绘制屋顶层

● 将除“轴线”和“二楼墙线”图层外的其他图层冻结，设置“顶层楼板”、“屋檐”、“屋面”图层。

● 将“屋面”层设置为当前图层，将视图转到俯视图状态。调用多段线命令 PLINE（命令别名“PL”），沿着二楼墙线的外轮廓绘制一个封闭图形。

● 调用偏移命令 OFFSET（命令别名“O”），将该多段线向外分别偏移 450、500、600，得到三段封闭的多段线。然后调用删除命令 ERASE（命令别名“E”）删除原来的多段线。

● 单击“常用”选项卡｜“建模”面板｜“拉伸”按钮，将外面两根多段线分别向 Z 轴方向拉伸 150 和 50，然后在“常用”选项卡｜“图层”面板中修改拉伸高度为 150 实体的图层为“顶层楼板”图层，修改拉伸高度为 50 的实体的图层为“屋檐”图层。

● 再次调用“拉伸”命令，设置拉伸“倾斜角”为 45 度，拉伸高度为 2500，将里面那根多段线向 Z 轴方向拉伸 2500，得到“屋面”实体。

● 调用移动命令 MOVE（命令别名“M”），将“屋檐”实体向 Z 轴正向移动 150，使其刚好在“顶层楼板”的上面；同样，将“屋面”实体向 Z 轴正向移动 200，使其刚好在“屋檐”实体的上面。将视图转到西南等轴测状态，进行概念着色后的效果如图 7-34 所示。

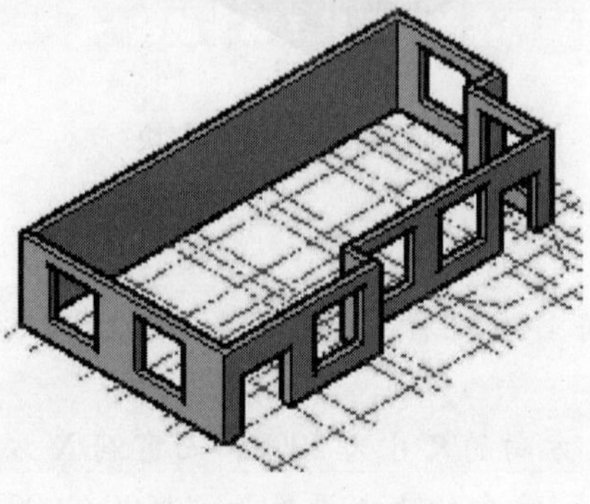

图 7-33　绘制二楼墙体

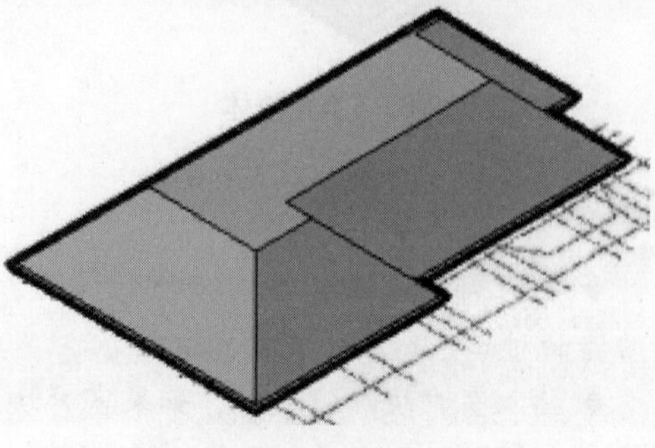

图 7-34　绘制屋顶层

14. 合成楼体

● 将“二楼墙线”图层冻结。调用移动命令 MOVE（命令别名“M”），将“顶层楼板”、“屋檐”、“屋面”等实体一起向 Z 轴正向移动 3000。使其刚好在二楼墙体的上面。

● 将“二楼墙体”图层解冻结。再次调用移动命令，将“顶层楼板”、“屋檐”、“屋面”和“二楼墙体”等实体向 Z 轴正向移动 3800，使其刚好在二楼楼板的上面。

● 将除“一楼墙线”、“二楼墙线”图层外的其他图层解冻结。将视图转到“西南等轴测”状态，进行“概念”着色后的结果如图 7-35 所示。

15. 插入二楼门窗块

● 将“顶层楼板”、“屋檐”、“屋面”和“轴线”层冻结，将视图转到“二维线框”图状态。

● 调用 UCS 命令，在“指定 UCS 的原点：”的提示下，用鼠标捕捉到二楼墙体左侧的后下角点单击；在“指定 X 轴上的点:”的提示，用鼠标捕捉到二楼墙体左侧的前下角点单击；在“指定 XY 平面上的点:”的提示下，用鼠标捕捉到二楼墙体左上角点单击，完成 UCS 新坐标系的创建（即使 UCS 坐标系的 XY 平面与二楼墙体的左侧面对正）。

- 调用插入块命令 INSERT（命令别名“I”），打开“插入”对话框，在“名称”中选择“2 米窗户”，接着单击“确定”按钮，然后捕捉到左侧墙体的第二个窗洞的后左下角，插入窗户块。用同样方法插入左侧墙体的其他窗户。
- 将 UCS 坐标系的 XY 平面转到和前面墙体的墙面对正。用和前面插入窗户块一样的方法插入前面的窗户块和门块。其他墙面的窗户和门，同样方法插入。
- 将“顶层楼板”、“屋檐”、“屋面”图层解冻，将视图转到“西南等轴测”状态，将视图进行“概念”着色后的效果如图 7-36 所示。

图 7-35　组合楼体

图 7-36　插入二楼门窗块

技巧

◆ 要在哪侧墙上插入窗户块和门块，首先要将 UCS 坐标系的 XY 平面转到和该侧墙的墙面对正，然后才能插入。

◆ 插入窗户块和门块时，如果窗户块原图形 X 方向的尺寸为 2000，而窗洞 X 方向的尺寸为 1500，则在“插入”对话框中，须将“X”方向的比例设置为“1500/2000”，其他方向同样设置。

16. 绘制护栏

- 调用 UCS 命令，将 UCS 坐标系的 XY 平面转到左面阳台的地面对正（即转到二楼楼板的上面）。
- 设置一个“护栏”图层，并将其设置为当前图层。调用多段线命令 PLINE（命令别名“PL”），沿阳台楼板周边绘制一条多段线作为辅助线。然后调用偏移命令 OFFSET（命令别名“O”），将该多段线向内 150 偏移出另一条多段线，作为绘制护栏的辅助线。调用删除命令 ERASE（命令别名“E”），删除掉沿楼板周边的辅助线，结果如图 7-37 所示。
- 单击“常用”选项卡｜“建模”面板｜“多段体”按钮，设置“高度”为 1200，“宽度”为 200，沿刚才的多段线绘制多段体。
- 将“辅助”层设置为当前图层，将“护栏”层冻结。再次调用“多段体”命令，设置“高度”为 200，“宽度”为 500，绘制距离多段线辅助线前面两个角点各 400 的三段多段体。调用移动命令 MOVE（命令别名“M”），将三段多段体向 Z 轴正向移动 1000。

• 将“护栏”图层解冻。单击“常用”选项卡 | “实体编辑”面板 | “差集”按钮，用护栏实体减去三段多段体。

• 用同样办法绘制护栏中间的护栏杆洞。同样办法绘制右面的护栏。“概念”着色后的结果如图 7-38 所示。

图 7-37　绘制辅助线

图 7-38　绘制护栏

• 将“0”层设置为当前图层，将视图转到“前视”状态，在图形的空白处绘制如图 7-39 所示的护栏柱轮廓。

• 选择“常用”选项卡 | “绘图”面板 | “面域”命令，将护栏柱轮廓创建为面域。

• 选择“常用”选项卡 | “建模”面板 | “旋转”命令，将护栏柱轮廓旋转 360 度，得到护栏柱实体模型。

• 选择“插入”选项卡 | “块定义”组件 | “创建块”命令，将护栏柱模型定义为内部块，块名为“护栏柱”，拾取基点捕捉到模型下部的圆心。

• 将“护栏”图层冻结。调用移动命令 MOVE（命令别名“M”），将绘制护栏的多段线辅助线向 Z 轴正向移动 250。

• 设置一个“护栏柱”图层，并将其设置为当前图层。选择“常用”选项卡 | “绘图”面板 | “定距等分点”命令，在“选择要定距等分的对象：”提示下输入“B”选择“块”选项，并输入块名“护栏柱”；在“是否对齐块和对象？”的提示下，输入“Y”选择“对齐”选项；在“指定线段长度：”的提示下输入 400，按 Enter 键，完成护栏柱的插入。

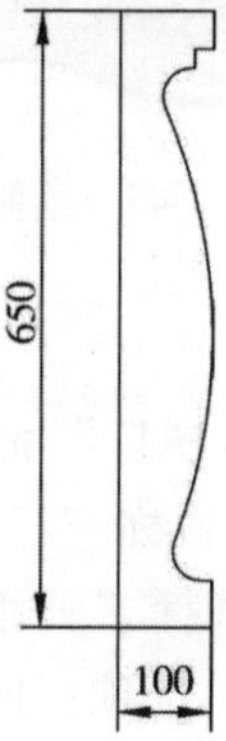

图 7-39　护栏柱轮廓

图 7-40　护栏柱模型

● 用同样方法绘制右边的阳台的护栏和护栏柱。

● 将“护栏”图层解冻，将视图转到“二维线框”状态。调用删除命令 ERASE（命令别名“E”），删除重到护栏中的护栏柱。将视图转到“西南等轴测”状态，对视图进行“概念”着色，结果如图 7-41 所示。

17. 绘制地面及其他

● 调用 UCS 命令，将坐标系恢复到世界坐标系。设置“地面”、“道路”、“水”图层，并将“地面”层设置为当前图层。

● 将视图转到“俯视”状态。调用样条曲线命令 SPLINE（命令别名“SPL”）和多段线命令 PLINE（命令别名“PL”），绘制地面、水、道路的封闭图形。

● 调用复制命令 COPY（命令别名“C”），将水封闭图形原位复制一个出来。选择“常用”选项卡｜“绘图”面板｜“面域”命令，将地面、水、道路的封闭图形创建分别为面域。

● 选择“常用”选项卡｜“建模”面板｜“拉伸”命令，将地面和水面域分别向 Z 轴负向拉伸 200 和 150。再选择“常用”选项卡｜“实体编辑”面板｜“差集”命令，用地面实体减去水实体。

● 再次调用“面域”命令，选择刚复制出来的水的封闭图形，将其创建为面域（如果没法选中，可先选择地面实体后右击，再快捷菜单中选择“绘图次序”｜“后置”，这时再来选择水的封闭图形）。再次调用拉伸命令，将水封闭图形向 Z 轴负向拉伸 150，结果如图 7-42 所示。

图 7-41　完成护栏绘制

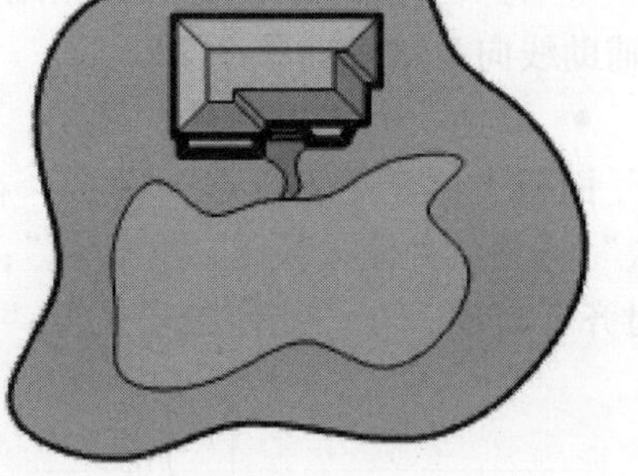

图 7-42　绘制地面、水、道路

18. 设置相机

● 选择“视图”选项卡｜“模型视口”面板｜“命名视口”命令，打开“视口”对话框。在“新建视口”选项卡的“新名称”文本框中输入名称“三个”；在“标准视口”列表框中选择“三个：右”选项；在“设置”下拉列表中选择“三维”选项；单击预览中左上的视口，然后在“修改视图”下拉列表中选择“前视”选项；同样，设置左下视口为“俯视”，设置右边视口为“东南等轴测”。最后单击“确定”按钮，将当前绘图区设置为三个视口。

• 在“渲染”选项卡任意位置右击，在弹出的快捷菜单中选择“显示面板”｜“相机”，以显示相机面板（默认该面板是隐藏状态）。选择“渲染”选项卡｜“相机”面板｜“创建相机”命令，用鼠标在左下视口的右下角单击一点作为相机位置，向该视口的左上角拖动到合适位置单击以确定相机的目标位置。然后按 Enter 键结束命令，这样就创建了一个使用默认名称“相机 1”的相机。用鼠标在视图中选择相机，拖动夹点调整相机位置和相机目标的等，在打开的“相机预览”视图中观察视图位置合适为止。同样，创建一个从左下向右上观察的名为“相机 2”的相机。

• 单击右边的视口，使其成为当前视口。单击该视口左上角“东南等轴测”处，在显示的菜单中选择“自定义模型视图”｜“相机 1”，将右边视口转到“相机 1”视图状态，结果如图 7-43 所示。

19. 设置灯光

• 单击“渲染”选项卡｜“光源”面板｜“点”按钮，在俯视图别墅的右后方创建一个点光源，将其名称命名为“点光源 1”，该光源作为主光源。用鼠标选择该点光源后，在俯视图和前视图中调整其位置，使其位于别墅的右后上方。

• 在俯视图中选择“点光源 1”后右击，在快捷菜单中选择“特性”选项，打开“特性”选项板。在“常规”组件中，将“阴影”设置为“开”，“强度因子”设置为 150；在“光度控制特性”组件中，将“灯的强度”设置为 10000Cd。

• 同样，创建一个“点光源 2”作为辅助光源，位置在别墅的右前上方，将“阴影”设置为“关”，“强度因子”设置为 25，“灯的强度”设置为 10000Cd。

• 同样，创建一个“点光源 3”的光源，位于室内二楼楼板下方的中部位置，将“阴影”设置为“关”，“强度因子”设置为 1，“灯的强度”设置为 1500Cd。创建一个“点光源 4”的光源，位于室内顶层楼板下方的中部位置，将“阴影”设置为“关”，“强度因子”设置为 1，“灯的强度”设置为 1500Cd。

• 单击右边的视图，将其设置为当前视图。单击“渲染”选项卡｜“渲染”组件｜“渲染”按钮，用默认设置进行渲染，结果如图 7-44 所示。（在设置灯光的过程中，用户应一面设置灯光参数，一面渲染，以观察效果，直到满意为止）。

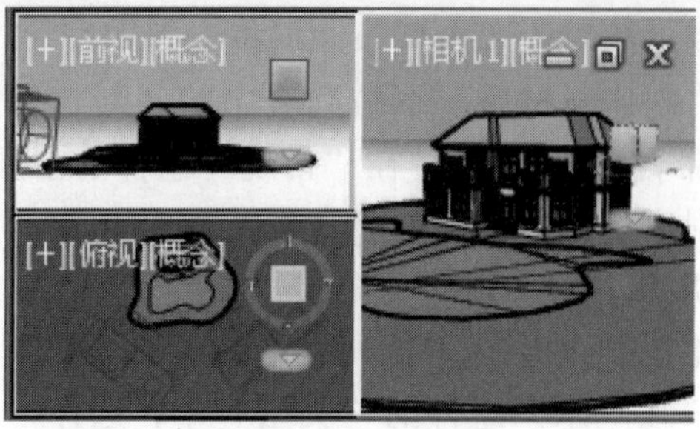

图 7-43　设置相机视图

图 7-44　设置灯光

20. 设置材质

设置材质时，可一边设置材质，一边附着材质，随即用较低渲染设置（如默认渲染设置）进行渲染。同时，观察材质的效果，以便及时调整。

（1）设置“底层”材质

• 单击“渲染”选项卡｜“材质”面板｜“材质浏览器”按钮，打开“材质浏览器”选项板。在“材质浏览器”的Autodesk库材质中选择“石料”，将鼠标放在右边材质列表中“小矩形石料-灰色”的图标上悬停，在显示的“将材质添加到文档并显示在编辑器中”按钮上单击，弹出“材质编辑器”选项板。在其中输入材质名称“底层”，在“砖石”组件中图像上双击，打开“纹理编辑器”选项板，在“比例”组件的“样例尺寸”中设置“宽度”和“高度”均为2500；在“材质编辑器”的“浮雕图案”的图形上双击，在打开的“纹理编辑器”选项板的“比例”组件中，设置“样例尺寸”的“宽度”和“高度”也为2500。

• 选择“常用”选项卡｜“选择”面板｜“面”方式，接着在绘图区中选择底层各面，在“材质浏览器”｜“文档材质”｜“底层”材质上右击，在弹出的菜单中选择“指定给当前选择”，这样就将“底层”材质附着给了底层各面。附着时，须结合三维动态观察器3DORBIT（命令别名“3DO”），转动视图到另外的方向，然后用同样方法附着该方向上的底层材质。单击“渲染”面板｜“渲染”按钮，用默认设置进行渲染。

• 如果发现渲染效果不好，可选择“渲染”选项卡｜“材质”面板｜“材质贴图”｜“长方体”命令，在绘图区选择底层实体，然后按Enter键。再次用默认设置进行渲染，这时效果比较好了。

（2）同样，以“Autodesk库”｜“灰泥”｜“白色”材质为样板，创建一个名为“屋檐”的材质。将该材质附着给“屋檐”和“门框”图层。

（3）同样，以“Autodesk库”｜“混凝土”｜“喷砂”材质为样板，创建一个名为“楼板”的材质。将该材质附着给“二楼楼板”、“顶层楼板”等图层。

（4）同样，以“Autodesk库”｜“石料”｜“粗糙抛光-白色”材质为样板，创建一个名为“石材”的材质。然后将该材质附着给“护栏”、“护栏柱”和“大门台阶”等图层，以及“大门前地面”和“第三台阶的侧面”等。

（5）同样，以“Autodesk库”｜“石料”｜“碎石-河流岩石”材质为样板，创建一个名为“道路”的材质。然后将该材质附着给“道路”图层。

（6）同样，以“Autodesk库”｜“金属”｜“铝框-缎光深青铜色阳极电镀”材质为样板，创建一个名为“窗框”的材质。然后将该材质附着给“窗框”、“门框”等图层。

（7）在“材质浏览器”中，单击左下角“创建新材质”下拉列表中的“新建常规材质”选项，打开“材质编辑器”选项板，将其命名为“玻璃”；在“常规”组件的“颜色”中，设置RGB值为“72，156，232”；在“反射率”组件中设置“直接”为35；在“透明度”组件中，设置“数量”为30。然后将该材质附着给“玻璃”图层。

（8）在“材质浏览器”中，单击左下角“创建新材质”下拉列表中的“水”选项，打开“材质编辑器”选项板，将其命名为“水”；在“水”组件的“类型”中，选择“常规水池/湖”；在“颜色”中，选择“常规倒影池”；将“波浪高度”设置为0.2。然后将该材质附着给“水”图层。

（9）创建“一楼墙体”材质

• 在“材质浏览器”选项板中，单击左下角“创建新材质”下拉列表中的“新建常规材质”选项，打开“材质编辑器”选项板，将其命名为“一楼墙体”。

• 在“材质编辑器”|“常规”组件中，单击“图像”框，在打开的“材质编辑器打开文件”对话框中，选择素材中“位图”文件夹下的“砖 8. jpg”图像文件。

• 再次在“常规”组件中单击“图像”框，打开“纹理编辑器”选项板，将“重复”组件都设置为“瓷砖”方式（即平铺）；在“比例”组件的“样例尺寸”中设置“宽度”和“高度”均为 800。然后将该材质附着给“一楼墙体”图层。

（10）同样，创建名为“二楼墙体”的材质。在“材质编辑器”选项板|“常规”组件中，单击“图像”按钮，选择素材中“位图”文件夹下的“砖 5. jpg”图像；在“纹理编辑器”选项板中，将“重复”组件都设置为“瓷砖”方式；在“比例”组件的“样例尺寸”中设置“宽度”和“高度”均为 1200。选择“凹凸”组件，同样添加“砖 5. jpg”图像；在“纹理编辑器”选项板中，将“重复”组件都设置为“瓷砖”方式；在“比例”组件的“样例尺寸”中设置“宽度”和“高度”均为 1200。然后，将该材质附着给“二楼墙体”图层。

（11）同样，创建名为“瓦”的材质。在“材质编辑器”选项板|“常规”组件中，单击“图像”按钮，选择素材中“位图”文件夹下的“瓦 . jpg”图像。在“纹理编辑器”选项板中，将“重复”组件都设置为“瓷砖”方式；将“比例”组件中的“样例尺寸”修改为 2000。然后，选择“常用”选项卡|“选择”面板|“面”方式，接着在绘图区中选择各侧面的瓦面，在“材质浏览器”|“文档材质”|“瓦”材质上右击，在弹出的菜单中选择“指定给当前选择”，这样就将“瓦”材质附着给了各瓦面。附着完一部分瓦面材质后，须调用三维动态观察器 3DORBIT（命令别名“3DO”），转动视图到另外的方向，然后用同样方法附着该方向上的瓦面的材质。

（12）同样，创建名为“草地”的材质。在“材质编辑器”选项板|“常规”组件中，单击“图像”按钮，选择素材中“位图”文件夹下的“草地 40. jpg”图像；在“纹理编辑器”选项板中，将“重复”组件都设置为“瓷砖”方式；在“比例”组件的“样例尺寸”中设置“宽度”和“高度”均为 3000。然后，将该材质附着给“二楼墙体”图层。

（13）单击“渲染”面板|“渲染”按钮，用默认设置进行渲染，结果如图 7-45 所示。

图 7-45　设置材质

21. 设置背景

• 选择“视图”选项卡|“视图”面板|“视图管理器”命令，打开“视图管理器”对话框。在左边的视图列表框中选择“相机 1”视图，在中间的“特性”面板的“常规”

组件中单击“背景替代”选项的右边，从中选择“图像”选项，打开“背景”对话框。

- 在“背景”对话框中单击“浏览”按钮，打开“选择文件”对话框，从中选择素材中“位图”文件夹下的“风光 5. jpg”风景图像。单击“调整图像”按钮，打开“调整背景图像”对话框，在“图像位置”下拉列表中选择“拉伸”选项。
- 在各对话框中分别单击“确定”按钮，完成背景的设置。用默认设置进行渲染，结果如图 7-46 所示。

图 7-46　设置背景

22. 渲染

(1) 渲染前，设置 VIEWRES 系统变量以减少圆和圆弧的多边形现象，可将其值设置为 5000；设置 FACETRES 系统变量以增加曲面镶嵌面的面数，将其值设置为 6；设置系统变量 ISOLINES 的值为 20，以增加实体对象上每个曲面的线框网格密度。设置后，用重生成命令 REGEN 刷新图形。

(2) 设置渲染。在“渲染”选项卡 | “渲染”面板中选择“演示”选项，以提高渲染质量。然后单击“渲染”选项卡 | “渲染”面板右下角按钮↘，打开“高级渲染设置”选项板。从中进行如下设置：

- 在“常规”组件的“输出尺寸”中设置为 1024 × 768，以提高图像的分辨率。
- 在“光线跟踪”组件中，设置“最大反射”和“最大折射”的值都为 5。

(3) 在右边视口的左上角单击，在打开的菜单中选择“自定义模型视图” | “相机 1”，将视图转到相机 1 视图状态。单击“渲染”选项卡 | “渲染”面板 | “渲染”按钮进行渲染，其结果如图 7-13 所示。这时的渲染效果非常好，效果也非常逼真。

7.2　上机操作题

【操作 7-1】(按图 7-47 所示步骤) 绘制如图 7-48 所示的齿数 Z = 40，模数 M = 5 的标准齿轮，设置材质、灯光，并渲染。

提示：绘制该图，难点在于齿轮齿廓渐开线的绘制。其方法如下：

- 当发生线 (即一条直线) 绕基圆作纯滚动时，发生线上任一点的轨迹，就是渐开线。因此，首先画出齿轮的齿顶圆 $\phi210$、分度圆 $\phi200$，基圆 $\phi187.94$ 和齿根圆 $\phi187.5$。

• 过圆心与基圆上面的象限点作一条垂直直线，再过基圆上面的象限点作一条水平直线（该直线作为发生线），如图 7-47（a）所示。

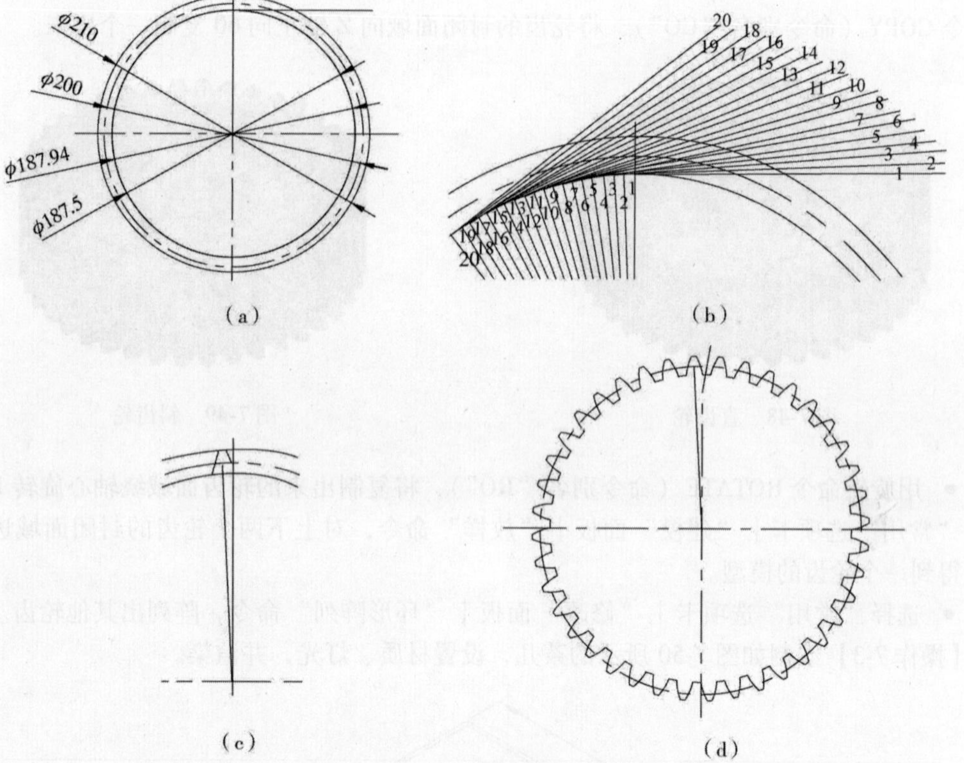

图 7-47　绘制齿轮渐开线

• 将这两条直线绕圆心阵列 20 份，项目间的角度，设置为 2 度。则，2 发生线在基圆上滚过了 1－2 之间的弧长 3. 27（计算得），3 发生线在基圆上滚过了 1－3 之间的弧长 2×3. 27＝6. 54，4 发生线在基圆上滚过了 1－4 之间的弧长 3×3. 27＝9. 81，……。因此，依次在 2 发生线上从它和基圆的切点截取 3. 27，在 3 发生线上从它和基圆的切点截取 6. 54，在 4 发生线上从它和基圆的切点截取 6. 54，……，这样便得到渐开线上的各点。

• 用多段线命令 PLINE（命令别名“PL”），分别过这些点作出渐开线，如图 7-47（b）所示。

• 过渐开线和分度圆的交点，以及圆心作一条直线，再把该直线绕圆心旋转 2. 25 度（半个齿的角度），然后把渐开线相对于该直线镜像出另外一半。最后，修剪掉多余线段，结果如图 7-47（c）所示。

• 绕圆心阵列出其他齿。将基圆冻结。用延伸命令 EXTEND（命令别名“EX”），延伸各渐开线到齿根圆，然后用修剪命令 TRIM（命令别名 TR），修剪出齿形。完成轮齿的绘制，如图 7-47（d）所示。

【操作 7-2】绘制如图 7-49 所示的齿数 Z＝40，模数 M＝5 的斜齿轮，设置材质、灯光，并渲染。

绘制斜齿轮的关键步骤提示如下：

- 用上面绘制直齿轮的方法先绘制一个齿的封闭轮廓，选择“常用”选项卡｜“绘图”面板｜“面域”命令，将其创建为面域。
- 选择“常用”选项卡｜“建模”面板｜“拉伸”命令，将齿根圆拉伸 60 高；用复制命令 COPY（命令别名“CO”），将轮齿的封闭面域向 Z 轴正向 60 复制一个出来。

图 7-48　直齿轮

图 7-49　斜齿轮

- 用旋转命令 ROTATE（命令别名“RO”），将复制出来的轮齿面域绕轴心旋转 10 度。选择“常用”选项卡｜“建模”面板｜“放样”命令，对上下两个轮齿的封闭面域进行放样，得到一个轮齿的模型。
- 选择“常用”选项卡｜“修改”面板｜“环形阵列”命令，阵列出其他轮齿。

【操作 7-3】绘制如图 7-50 所示的茶几，设置材质、灯光，并渲染。

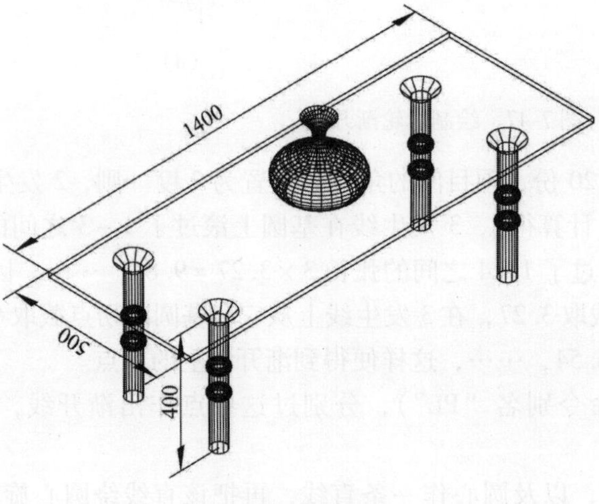

图 7-50　茶几

案例视频：
茶几模型的绘制

提示：绘制花瓶和茶几脚时，可先绘制它们的截面图形，用“曲面”选项卡｜“创建”面板｜“旋转”命令，旋转得到它们的曲面模型。

【操作 7-4】绘制如图 7-51 所示的办公桌，设置材质、灯光，并渲染。

【操作 7-5】绘制如图 7-52 所示的石桌、石凳组合，设置材质、灯光，并渲染。

关键操作步骤的提示如下：

- 绘制石凳时，可首先绘制凳子的截面图形，用“三维建模”工作空间｜“常用”选项卡｜“建模”面板｜“旋转”命令，将其旋转为实体。

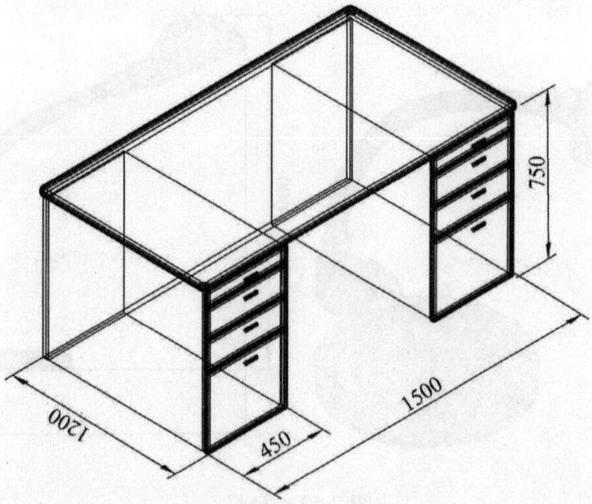

图 7-51　办公桌

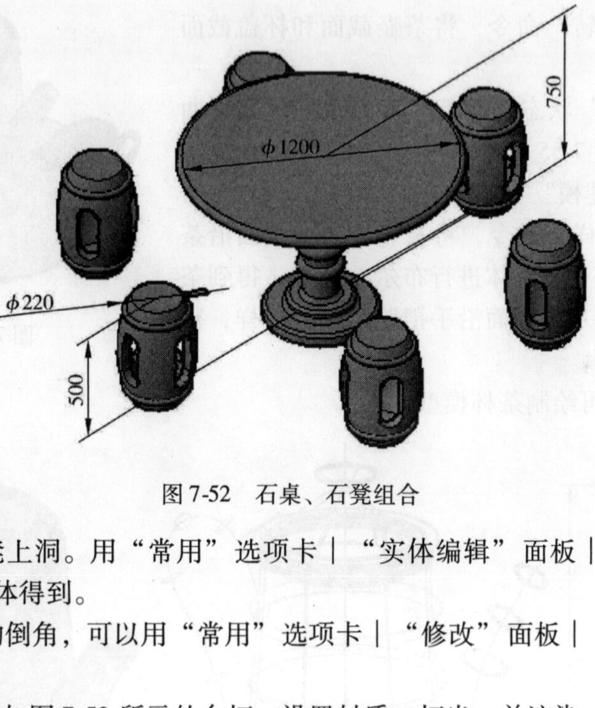

图 7-52　石桌、石凳组合

• 接着绘制石凳上洞。用“常用”选项卡｜“实体编辑”面板｜“差集”命令，用石凳实体减去洞的实体得到。

• 石桌台阶处的倒角，可以用“常用”选项卡｜“修改”面板｜“圆角”和“倒角”命令绘制。

【操作 7-6】绘制如图 7-53 所示的台灯，设置材质、灯光，并渲染。

关键操作步骤的提示如下：

• 绘制灯杆的时候，可绘制一个圆，然后沿路径拉伸得到。

• 绘制灯罩和灯座时，可首先绘制它们的封闭截面图形，用“常用”选项卡｜“建模”面板｜“旋转”命令，将它们旋转为实体模型。

【操作 7-7】绘制如图 7-54 所示的茶具，设置材质、灯光，并渲染。

关键操作步骤的提示如下：

• 在“前视图”状态，首先绘制茶壶和杯盖的截面图形，并创建为面域，如图 7-55（a）所示。

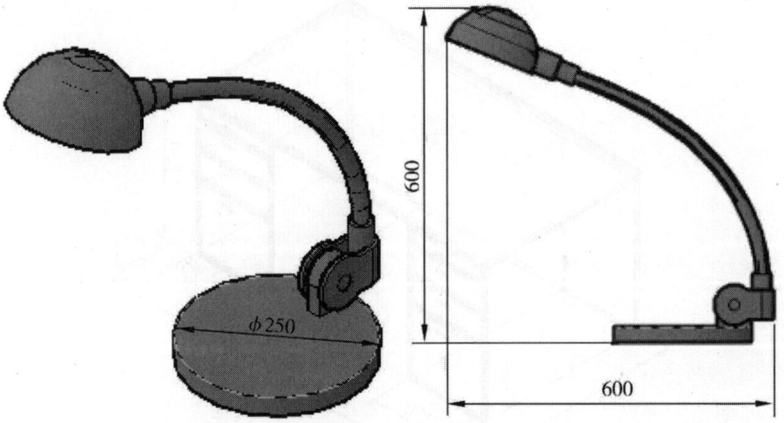

图 7-53　台灯

• 选择“三维建模”工作空间｜“常用”选项卡｜“建模”面板｜“旋转”命令，将茶壶截面和杯盖截面选择成三维实体。

• 在“前视图”状态绘制茶壶嘴和手把的路径曲线和放样截面，如图 7-55（b）所示。

• 选择“三维建模”工作空间｜“常用”选项卡｜“建模”面板｜“放样”命令，将茶壶嘴内外截面沿茶壶嘴路径放样，对茶壶嘴实体进行布尔差运算，得到茶壶嘴模型；同样，将手把截面沿手把路径进行放样，得到手把模型。

• 用同样方法可绘制茶杯模型。

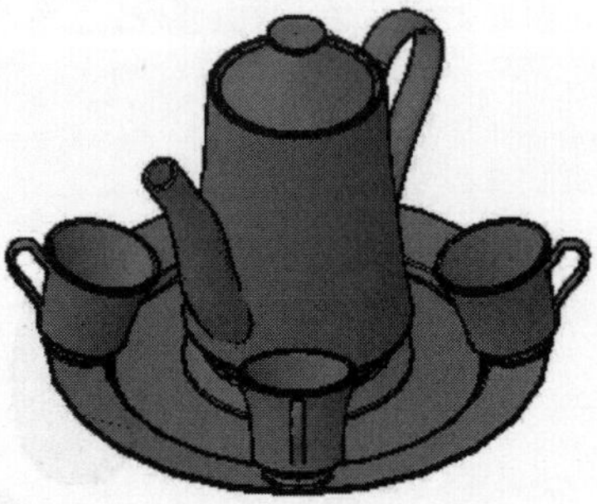

图 7-54　茶具

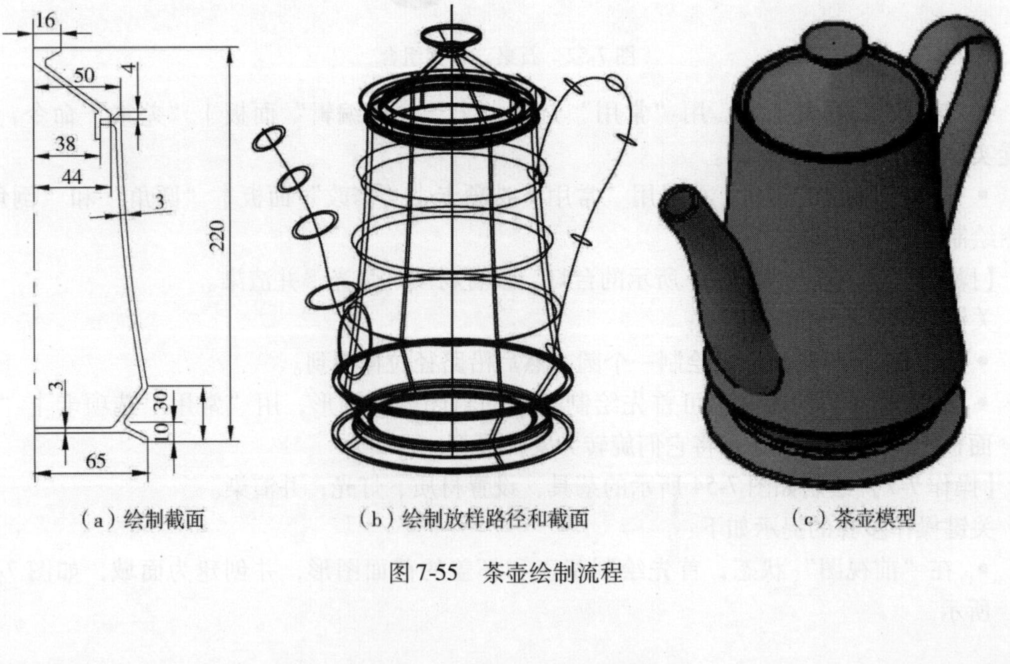

（a）绘制截面　　（b）绘制放样路径和截面　　（c）茶壶模型

图 7-55　茶壶绘制流程

【操作 7-8】绘制如图 7-56 所示的旋转楼梯，设置材质、灯光，并渲染。

关键操作步骤的提示如下：

● 将视图转到“俯视”状态。首先绘制直径分别为 1000 和 3000 的楼梯内外圆，绘制一个圆心角为 12 度的扇形，并将其创建为面域和拉伸 200，得到楼梯板实体，如图 7-57（a）所示。

● 选择“三维建模”工作空间 | “常用”选项卡 | “绘图”面板 | “螺旋”命令，绘制一个“底面半径”为 1000，顶面半径也是 1000，圈数为 1，高度为 3000 的螺旋线作为内边的路径曲线；再绘制一个“底面半径”为 3000，顶面半径也是 3000，圈数为 1，高度为 3000 的螺旋作为外边的路径曲线。

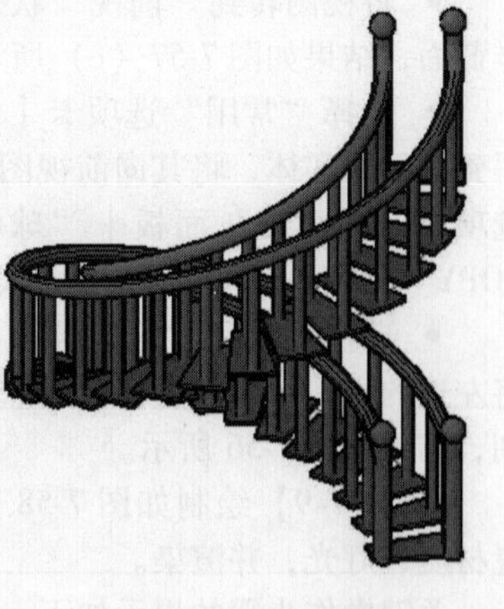

图 7-56　选择楼梯

● 调用圆命令 CIRCLE（命令别名“C”），分别绘制 2 个直径为 60 和 100 的圆，选择“常用”选项卡 | “绘图”面板 | “拉伸”命令，将直径为 100 的圆拉伸 850 高，将直径为 60 的圆拉伸 760 高，得到大小扶手柱，如图 7-57（b）所示。

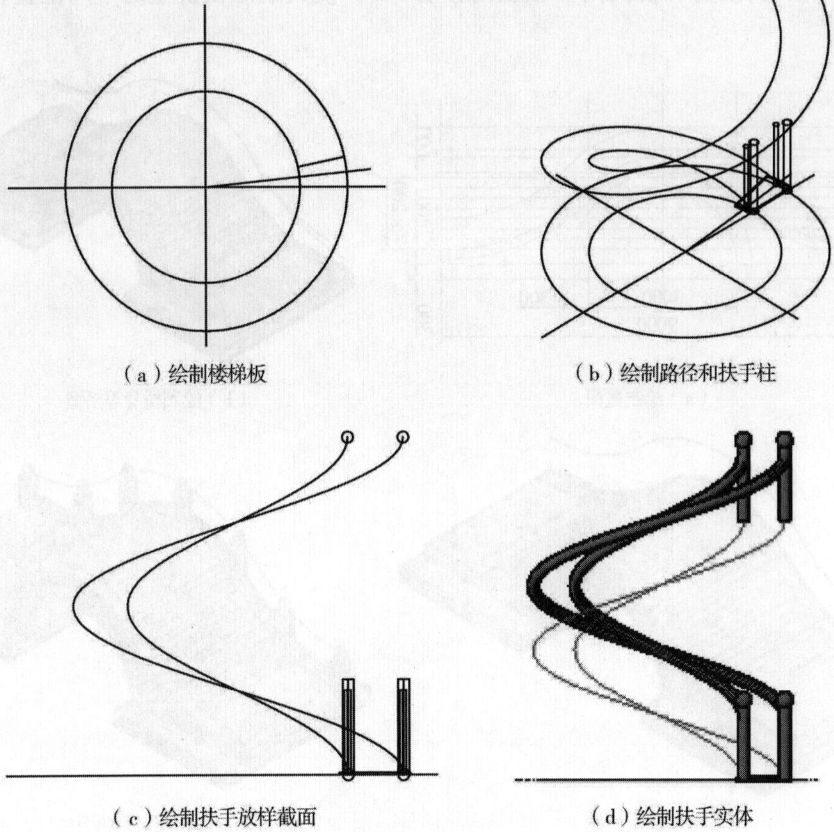

（a）绘制楼梯板　　（b）绘制路径和扶手柱

（c）绘制扶手放样截面　　（d）绘制扶手实体

图 7-57　操作流程

• 将视图转到“前视”状态，在两条螺旋线的首末两端绘制直径为100的圆，作为放样截面，结果如图7-57（c）所示。

• 选择“常用”选项卡｜“建模”面板｜“放样”命令，将放样截面沿路径放样，得到扶手柱实体，将其向前视图的Y方向（即三维的Z方向）移动750。接着选择“常用”选项卡｜“建模”面板｜“球体”命令，在大扶手柱的顶端绘制一个球体。用复制命令COPY（命令别名“CO”），将大扶手柱复制到螺旋线的上端，结果如图7-57（d）所示。

• 选择“常用”选项卡｜“修改”面板｜“路径阵列”命令，设置“项目数”为30，将左边的小扶手柱和楼梯板沿左边的路径曲线阵列，将右边的小扶手柱沿右边的路径曲线阵列，结果如图7-56所示。

【操作7-9】绘制如图7-58所示的单孔桥，设置材质、灯光，并渲染。

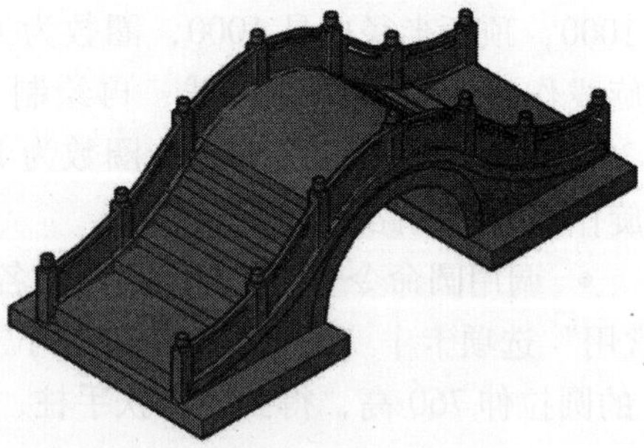

图7-58　单孔桥

关键操作步骤的提示如下：

• 将视图转到“前视”状态。首先绘制桥座、桥身、桥洞等的截面图形，并分别将他们创建为面域，如图7-59（a）所示。

• 选择“常用”选项卡｜“建模”面板｜“拉伸”命令，分别将桥座、桥身和桥洞分别拉伸4000，3000，3000；接着调用移动命令MOVE（命令别名“M”），将桥身和桥洞向Z轴正向移动500，使其刚好在桥座的中间位置，如图7-59（b）所示。

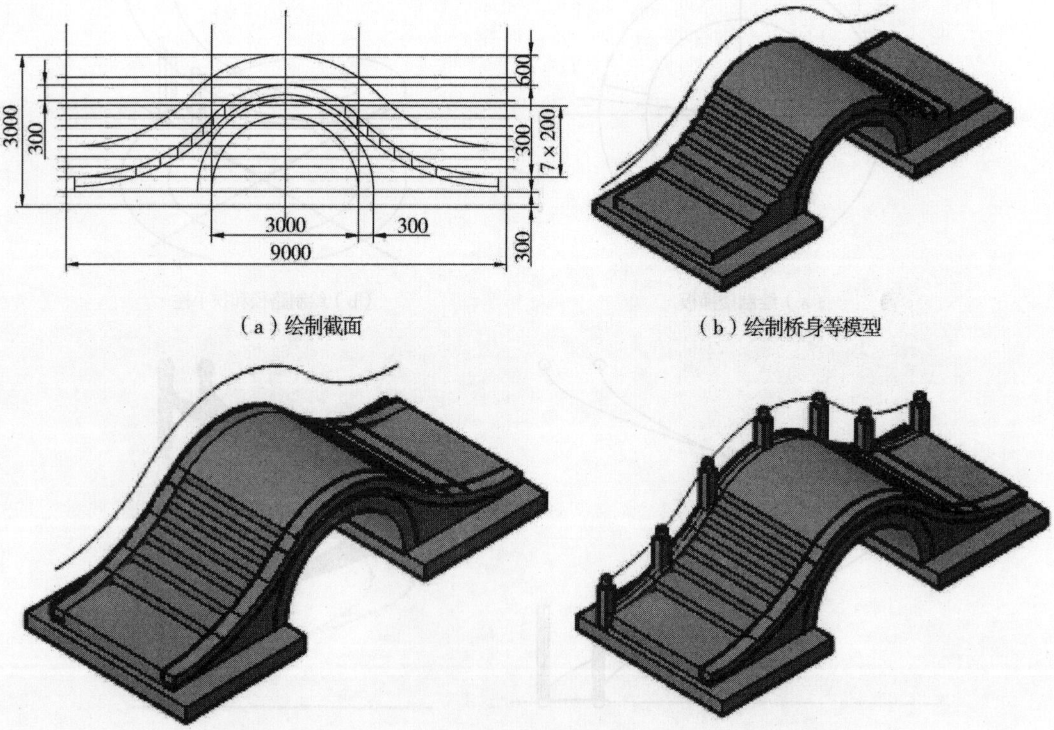

（a）绘制截面　（b）绘制桥身等模型

（c）绘制桥檐　（d）绘制护栏柱

图7-59　绘制流程

• 绘制桥檐的截面图形，并将其创建成面域。将其拉伸 300，然后用移动命令 MOVE（命令别名“M”），将两个桥屋檐移动到超出前后桥身 50，如图 7-59（c）所示。

• 将视图转到“俯视”状态。调用矩形命令 RECTANG（命令别名“REC”），绘制长和宽都为 200 的矩形，并将其拉伸 900 高；再调用圆命令 CIRCLE（命令别名“C”），绘制 2 个直径分别为 60 和 150 的圆，并将直径 60 的圆拉伸 50 高，然后向 Z 轴正向移动到矩形护栏柱的顶端；将直径 150 的圆拉伸 150 高，并将其移动到直径为 60 的圆柱体的顶端。

• 选择“常用”选项卡｜“修改”面板｜“路径阵列”命令，设置“项目数”为 7，沿路径阵列出护栏柱，结果如图 7-59（d）所示。

• 将视图转到“前视”状态。绘制护栏板的截面图形，并创建为面域。选择“常用”选项卡｜“建模”面板｜“拉伸”命令，将护栏板拉伸 80，并用移动命令 MOVE（命令别名“M”），将护栏板移动到护栏柱的中间。最后用复制命令 COPY（命令别名“CO”），将一边的整个护栏柱和护栏板复制一套到桥的另一边，结果如图 7-58 所示。

【操作 7-10】绘制如图 7-60 所示的六角凉亭，设置材质、灯光，并渲染。

关键操作步骤的提示如下：

• 在俯视图状态，选择“常用”选项卡｜“绘图”面板｜“多边形”命令，用“内接于圆”方式，绘制一个内接圆半径为 3000 的正六边形；选择“常用”选项卡｜“修改”面板｜“偏移”命令，将该多边形向内偏移 400。

• 调用圆命令 CIRCEL（命令别名“C”），在里面正六边形的顶点绘制 6 个半径为 200 的圆；选择“常用”选项卡｜“建模”面板｜“拉伸”命令，将外面的正六边形拉伸 800 高得到基座模型，将 6 个圆拉伸 3500 高，得到亭柱模型；然后调用移动命令 MOVE（命令别名“M”），将 6 个亭柱向 Z 轴正向移动 800，使其刚好在基座的上面，结果如图 7-61 所示。

图 7-60　六角凉亭

图 7-61　绘制基座和亭柱

• 调用 UCS 命令，在基座的前面角点建立一个新坐标系，绘制台阶高 200，宽 250 的封闭图形，并将其创建为面域，如图 7-62 所示。

• 选择“常用”选项卡｜“建模”面板｜“拉伸”命令，将台阶截面图形向 Z 轴负向拉伸 3000，得到台阶模型，如图 7-63 所示。

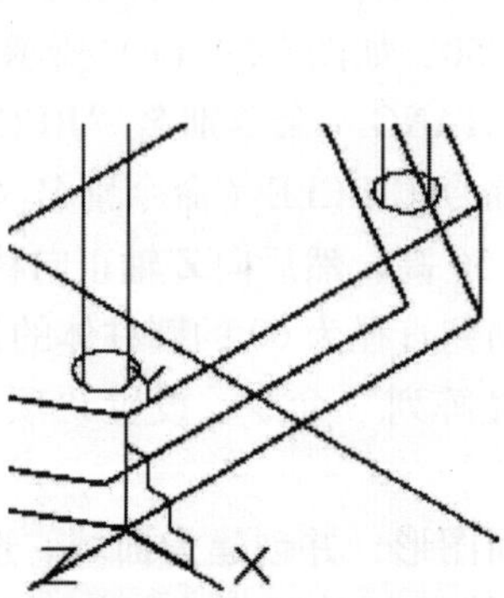

图 7-62　绘制台阶截面图形

图 7-63　绘制台阶

• 调用 UCS 命令，将其恢复到世界坐标系状态，并且，将视图转到“二维线框”图状态。调用复制命令 COPY（命令别名“CO”），将里面的多边形向 Z 轴正向 1300，1800 和 4300 的距离分别复制一个多边形出来，作为护栏凳、护栏和横梁的辅助线。选择“常用”选项卡｜“修改”面板｜“打断”命令，将复制出来的从下向上的第一，第二个多边形正对台阶的边打断。调用偏移命令 OFFSET（命令别名“O”），将第二个多边形向外偏移 250，然后删除里面的对应的多边形，结果如图 7-64 所示。

• 选择下面护栏凳的辅助线后右击，在快捷菜单中选择“特性”，打开“特性”选项板，将“厚度”选项修改为 50，将“全局宽度”修改为 400；同样，修改护栏辅助线的“厚度”为 50，“全局宽度”为 300；横梁的厚度为 -400，宽度为 50，结果如图 7-65 所示。

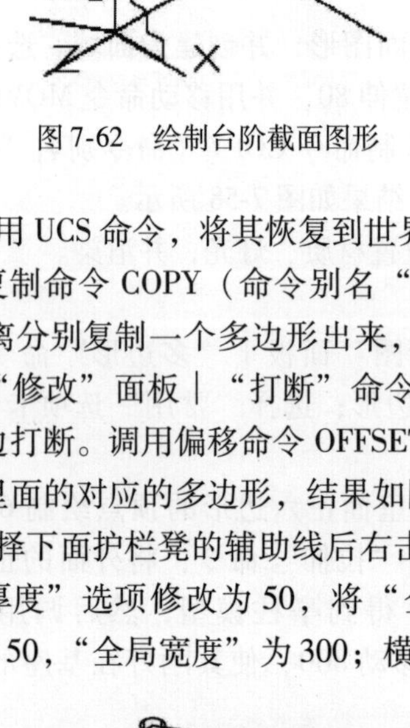

图 7-64　绘制护栏凳等辅助线

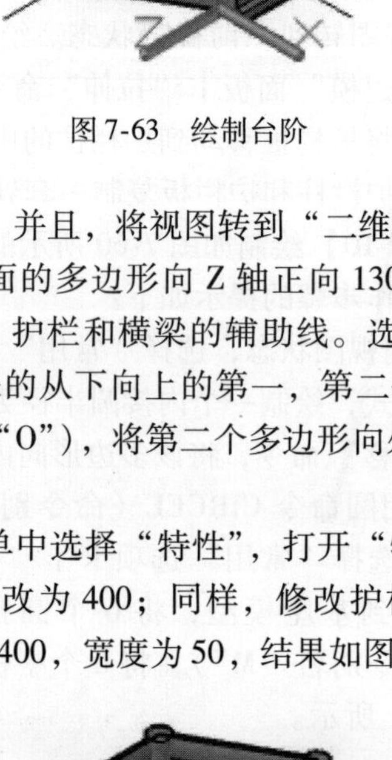

图 7-65　绘制横梁等

• 将视图转到“西南等轴测”状态。过底面正六边形中心作一条垂直于底面正六边形一边的直线，将底面的正六边形和该直线向 Z 轴正向 1330 和 1830 进行复制。同样将这两个正六边形正对台阶的边打断。然后将下面这个打断的多边形向外偏移 150，将上面那个打断的多边形向外偏移 350。

• 过上面打断多边形和直线的交点作一个半径为 30 的圆，同样，过下面打断的多边形和直线的交点也作一个半径为 30 的，作为放样截面。调用 UCS 命令，过上下两条直线的端点，和一条直线的另一个端点，建一个 UCS 的 XY 平面处于铅垂状态的坐标系，然后用圆弧命令 ARC（命令别名“A”），过上下两个半径为 30 的圆心作一个圆弧，作为放样路径。

• 选择“常用”选项卡｜“建模”面板｜“放样”命令，将两个半径为 30 的圆沿圆弧路径进行放样，得到护栏柱模型，并将其移动到一条打断正六边形的端点。选择“常用”选项卡｜“修改”面板｜“路径阵列”命令，使用“定数等分”方式，设置等分数为 40，然后选择一条打断的正六边形作为路径，阵列出护栏。最后删除和亭柱重合的护栏，结果如图 7-66 所示。

• 将视图转到“前视”状态。用多段线命令 PLINE（命令别名“PL”），绘制如图7-67 所示挂楣图案。选择这些线条后右击，并选择“特性”选项，在“特性”选项板中将“厚度”修改为 30，将“全局宽度”修改为 30，得到挂楣模型，如图 7-68 所示。

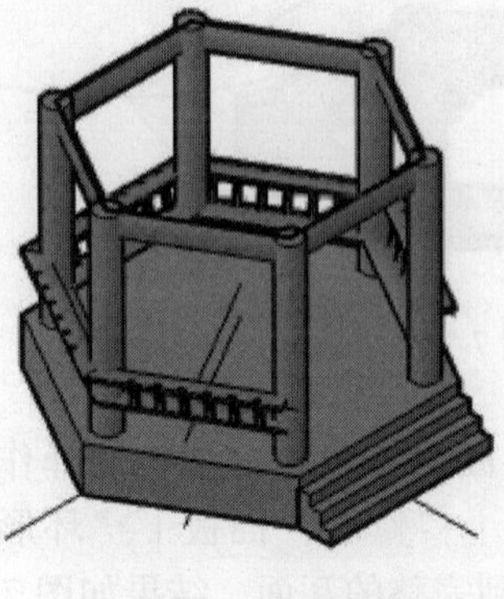

图 7-66　绘制护栏柱

图 7-67　挂楣图案

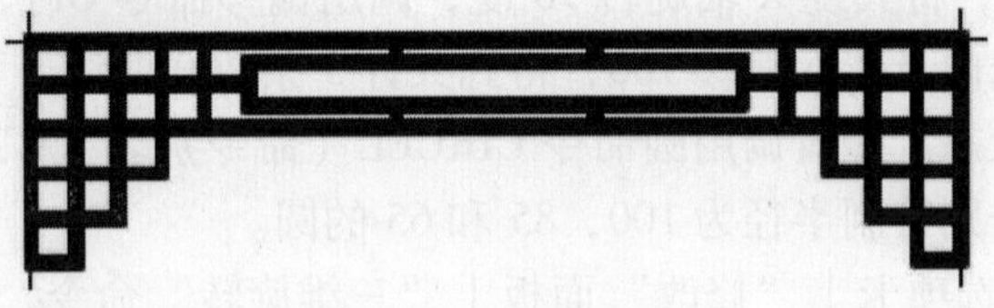

图 7-68　挂楣模型

• 将视图转到“俯视”状态，用移动命令 MOVE（命令别名“M”），将挂楣模型向 Y 轴负向移动 2183，使其刚好在两个亭柱的左右象限点处。选择“常用”选项卡｜“修改”面板｜“环形阵列”命令，将挂楣模型绕中心阵列 6 个出来，完成挂楣绘制，如图 7-69 所示。

• 调用复制命令 COPY（命令别名“CO”），将底面的正六边形向上 4300，5800 分别复制一个出来。用偏移命令 OFFSET（命令别名“O”），将下面这个多边形向外偏移 1000，将上面那个多边形向内偏移 2000，然后将偏移前的两个多边形删除。

• 将视图转到“前视”状态，捕捉到上面小多边形前面的两个端点绘制一个下凹的圆弧，同样，捕捉到下面大多边形前面的两个端点绘制一个下凹的圆弧，得到用边界面绘制瓦面的两条边。

• 调用 UCS 命令，捕捉到上面小多边形的中心作为原点，捕捉到小多边形右边角点作为 X 轴正向，捕捉到 Z 方向的轴线上面顶点作为 Y 轴的正向，得到新坐标系。然后调用圆弧命令 ARC（命令别名“A”）绘制一个圆弧，得到用边界面绘制瓦面的又一条边。调用复制命令 COPY（命令别名“CO”），将该圆弧原位复制一条出来，并用夹点方式拉长圆弧的右端点，得到亭脊的放样路径。

- 调用 UCS 命令，将坐标系统绕 X 轴旋转负 90 度，得到新坐标系。选择选择“常用”选项卡 |“修改”面板 |“旋转”命令，并选择其中的“复制”选项，将作为瓦面的圆弧绕上面小多边形中心旋转复制一个出来，这样，作为绘制瓦面的四条边界全部作完，结果如图 7-70 所示。

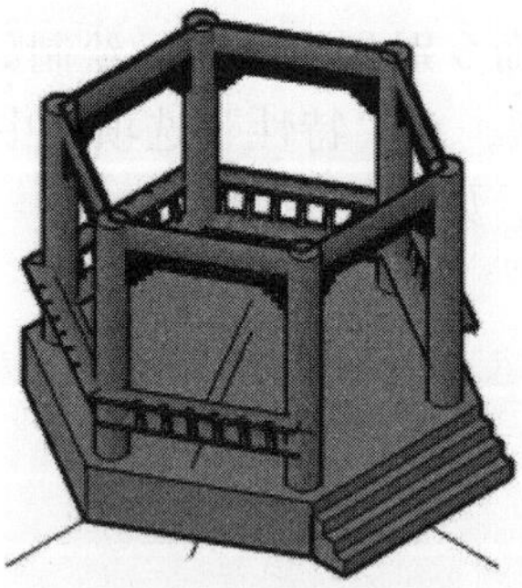

图 7-69　绘制挂楣

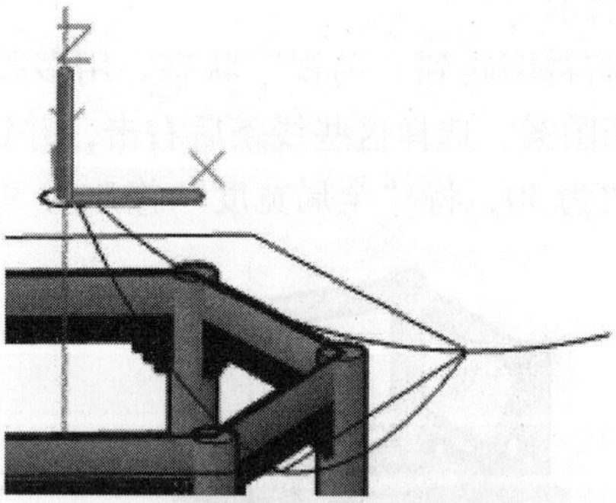

图 7-70　绘制瓦的边界曲线

- 选择“网格”选项卡 | “图元”面板 | “边界曲面”命令，依次选择作为瓦面的四条圆弧，得到瓦面的模型。接着选择“常用”选项卡 | “修改”面板 | “环形阵列”命令，将瓦面模型绕上面小多边形中心阵列 6 个出来，得到完整的瓦面，结果如图 7-71 所示。
- 调用 UCS 命令，将其绕 X 轴旋转 90 度，调用偏移命令 OFFSET（命令别名“O”），将上面的亭脊放样曲线向上依次偏移 100，得到共计 3 条放样曲线。再次调用 UCS 命令，将其恢复到世界坐标系状态。接着调用圆命令 CIRCEL（命令别名“C”），捕捉到从下向上放样曲线的两个端点，分别绘制半径为 100，85 和 65 的圆。
- 选择“常用”选项卡 | “修改”面板 | “三维旋转”命令，将左端的圆旋转 90 度，将右端的圆旋转 60 度，结果如图 7-72 所示。

图 7-71　绘制瓦面

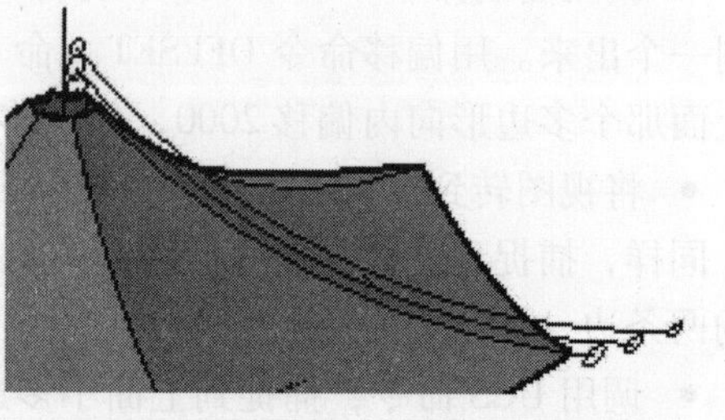

图 7-72　绘制亭脊放样路径和截面

• 选择“常用”选项卡｜“建模”面板｜“放样”命令，将每条亭脊放样路径两端的圆沿该路径放样，得到亭脊模型；接着选择“常用”选项卡｜“实体编辑”面板｜“并集”命令，将三条亭脊合并为一体；然后选择“常用”选项卡｜“修改”面板｜“环形阵列”命令，将亭脊绕上面小多边形中心阵列 6 个出来，完成亭脊的绘制，结果如图 7-73 所示。

• 将视图转到“前视”状态。调用多段线命令 PLINE（命令别名“PL”），绘制亭尖的截面图形。选择“常用”选项卡｜“绘图”面板｜“面域”命令，将其创建为面域。然后选择“常用”选项卡｜“建模”面板｜“旋转”命令，将该截面图形绕铅锤线旋转成亭尖模型，结果如图 7-74 所示。

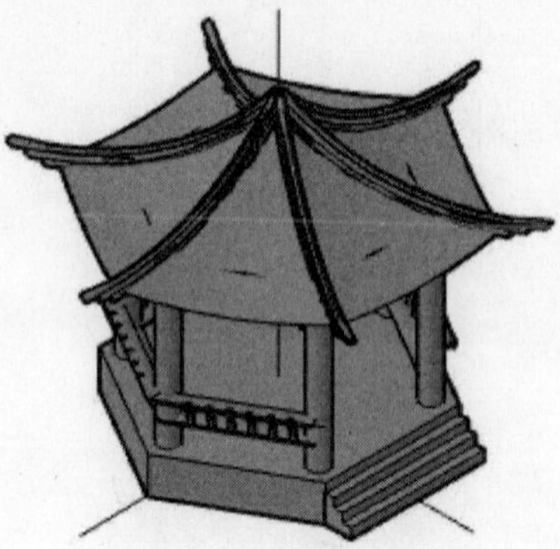

图 7-73　绘制亭脊

图 7-74　绘制亭尖

• 用和【操作 7-5】相同的方法绘制桌凳，并删除多余线条，结果如图 7-60 所示。

综合实训视频：
轴承座模型的绘制与渲染